新型职业农民培育系列教材

畜禽粪污与农业废弃物综合利用技术

牛斌 王君 任贵兴 主编

中国农业科学技术出版社

图书在版编目（CIP）数据

畜禽粪污与农业废弃物综合利用技术 / 牛斌，王君，任贵兴主编 .—北京：中国农业科学技术出版社，2017.10

ISBN 978-7-5116-3278-4

Ⅰ.①畜… Ⅱ.①牛…②王…③任… Ⅲ.①畜禽-粪便处理-研究-中国②农业废物-废物综合利用-研究-中国 Ⅳ.①X71

中国版本图书馆 CIP 数据核字（2017）第 239314 号

责任编辑 崔改泵 金 迪
责任校对 马广洋

出 版 者 中国农业科学技术出版社
北京市中关村南大街 12 号 邮编：100081
电 话 (010)82109194(编辑室) (010)82109702(发行部)
(010)82109709(读者服务部)
传 真 (010)82106650
网 址 http://www.castp.cn
经 销 者 各地新华书店
印 刷 者 北京富泰印刷有限责任公司
开 本 880mm×1 230mm 1/32
印 张 7
字 数 176 千字
版 次 2017 年 10 月第 1 版 2019 年 12 月第 6 次印刷
定 价 35.00 元

《畜禽粪污与农业废弃物综合利用技术》

编 委 会

主　编　牛　斌　王　君　任贵兴

副主编　王伟华　王永立　柴　升　杨春兰
　　　　滕　颖　刘长城　刘玉军　姜伯富
　　　　郑　春　郭晚心　易建平　庞邦龙
　　　　郝　霞　梁宝盛　吴忠福　韩忠宇
　　　　彭桂云　阳立恒　周晓芳

编　委　田　禾　陈小武　刘素婷　杜永忠
　　　　罗海青

前　言

据统计，全国每年可收集秸秆资源量约 7 亿吨，畜禽粪污产生量 30 多亿吨。我国农业废弃物综合利用率不高，其中，农作物秸秆约有 42%直接或过腹还田，30%作为生物燃料，8%作为其他用途，余下 20%未被利用。农业废弃物乱烧乱扔乱排乱放，不仅造成了严重的生态环境污染，还造成大量的生物质资源浪费。

因此，探索适合我国农村地区的农业废弃物污染控制、资源化利用技术体系有着重要的现实意义。市场化、商品化和规模化发展是农业废弃物资源化利用的发展方向，要建立激励补偿机制，加大对农业废弃物资源化利用扶持力度；重点发展龙头企业，带动农业废弃物资源化利用产业化发展；强化规范、高效农业废弃物收储运服务体系建设；加大农业废弃物资源化利用技术的研发。

本书包括畜禽粪污的清理与贮存技术、利用技术和处理应用实例，农作物秸秆资源化处理与利用，农业生产资料废弃物综合利用，农产品初加工废弃物综合利用，以及农业废弃物资源化利用与循环经济等方面的内容，探讨了适合我国农村地区的农业废弃物污染控制和资源化利用技术。

本教材如有疏漏之处，敬请广大读者批评指正。

编　者

目　录

第一章　农业废弃物概述

第一节　废弃物的概念

废弃物可能是人们日常生活中最常使用的词汇之一。“废弃物”可简单定义为“不再有用而可舍弃的东西”。查阅《现代汉语词典》及《中华现代汉语词典》，虽无“废弃物”的专门定义，但从其中对“废物”和“废弃”的注解，可以得出“废弃物”即为“失去原有使用价值”而被“抛弃不用”或被“丢弃”的“东西”。所以，本书所言“废弃物”也仅指人们从环境资源角度所关注的“失去原有价值”而“不再使用或被丢弃”的“材料与物质”。目前，“废弃物”一词比较权威的书面定义可见《中国大百科全书·环境科学卷》，其中在“废弃物的国际管制条约”词条中，对“废弃物”作了如下解释：“废弃物是指生产、经营、生活和其他活动中产生的各种形态或形式的被废弃的或将要被废弃的材料或物质”。

从上述定义可以看出，所谓“废弃物”的形成，至少有两个基本特征：首先是与人类的活动有关，即废弃物是由人类活动所产生或形成的；其次是与人类对其的价值或有用性评价有关，即只有那些对人类暂时或永久无用的物质才被视为废弃物。然而，废弃物又具有相对性，即处在不同时间、不同地点、不同经济背景或不同技术条件下，人们往往对废弃物的认识、判断及处理也有不同。在某一生产、生活过程中所产生的废弃物，往往可以成为另一生产、生活过程或产品的原料，即已被上一过程判定“无用”的物质，很可能成为下一过程的“有用”原料。所以，废弃物也被人们称为“放错了位置的资源”。

第二节　农业废弃物的概念

一、农业废弃物概念的使用

我国的官方发布的报告或法律文件中，不同场合下，对农业废弃物概念的使用并不统一。第十届全国人民代表大会第三次常务委员会上，盛华仁副委员长在“全国人大常委会执法检查组关于检查《中华人民共和国固体废物污染环境防治法》实施情况的报告”中采用了“农村固体废物”的概念。

《关于〈中华人民共和国固体废物污染环境防治法（修订草案）〉的说明》则出现了三个概念，农业废物、农村固体废物和农村垃圾。该说明指出，随着农业产业化发展和农村生活水平的提高，农业废物和农村垃圾所造成的污染问题已经非常突出，国家应当采取措施加强管理。为了实现统筹、协调发展，改善农村环境卫生面貌，保障食品安全，加强对农村固体废物的管理是十分必要的。但考虑到我国农村经济发展水平不高、基础设施薄弱等实际情况，对农村固体废物的管理还是应当先提出原则要求，逐步实现合理利用和安全处置。为此，修订草案对种植、养殖业产生的固体废物提出了合理利用、预防污染的要求；对农村生活垃圾提出了清扫、处置的要求。从这段话的内容本身我们无法判断这三个概念之间的关系，是各自独立还是相互包含。因为农业与农村是属于两个不同领域的概念。农业与工业、商业和服务业类似，属于行业分类的概念，而农村与城市、乡镇类似，属于区域分类的概念。所以，我们认为这三个概念之间的关系是既不相互独立，又不相互包含，中间具有一定的外延重叠。如果从学术角度而言，它们之间存在一定的联系，但逻辑关系并不清楚。

二、农业废弃物的定义

农业废弃物是指在种植业、林业、畜禽或水产养殖生产过程中，与种植业、林业、畜牧业和渔业产品生产、加工相关的活动中，以及农村居民日常生活中或者为日常生活提供服务的活动中产生的丧失原有价值的，或者原所有人、持有人已经抛弃、准备抛弃或必将抛弃的物质或能量。或者可以定义为：农业废弃物是指种植、营林、畜牧或水产养殖生产过程中，或者对上述生产过程生产的产品进行初级加工过程中，以及农村居民日常生活或者为日常生活提供服务的活动中产生的，不再具有原有利用价值，其所有人、使用人已经准备或必须丢弃的部分物质或能量。

这个概念包括以下一些特征：首先，农业废弃物是被其所有者、使用者已经丢弃，准备丢弃或必须丢弃的物质或能量。这些物质或能量在当前所有者或使用者眼里可能不仅没有任何利用价值，而且可能还被认作是一种负担。其次，这些物质或能量来源于农业初级生产过程或者农、林、畜牧和渔业产品的初级加工过程，以及农村居民的日常生活。最后，这些物质或能量可能具有替代资源的价值，或者具有再利用价值。

第二章　畜禽粪污的形成及处理原则

粪污是指畜禽养殖过程中产生的废弃物，包括粪、尿、垫料、冲洗水、动物尸体、饲料残渣和臭气等。由于废弃物中垫料和饲料残渣所占比重很小，动物尸体通常是单独收集和处理，臭气产生后即挥发，粪污中的这些物质将暂不予考虑，本书主要涉及畜禽粪、尿及其与冲洗水形成的混合物。

第一节　粪污的形成和特性

一、粪污的形成

（一）粪的形成

动物采食饲料，摄入的水、蛋白质、矿物质、维生素等营养物质在动物消化道内经过物理、化学、微生物等一系列消化作用后，将大分子有机物质分解为简单的、在生理条件下可溶解的小分子物质，经过消化道上皮细胞吸收而进入血液或淋巴，通过循环系统运输到全身各处，被细胞所利用。

动物饲料中的营养物质并不能全部被动物体消化和吸收利用。动物消化饲料中营养物质的能力称为动物的消化力。动物种类不同，消化道结构和功能亦不同，对饲料中营养物质的消化既有共同的规律，也存在不同之处。

各种动物对饲料的消化方法无外乎物理性消化、化学性消化和微生物消化。物理性消化主要靠动物口腔内牙齿和消化道管壁的肌肉运动把饲料撕碎、磨烂、压扁，为胃肠中的化学性消化、微生物消化做好准备；化学性消化主要是借助来源于唾液、胃液、胰液和肠液的消化酶对饲料进行消化，将饲料变成动物能吸收的营养物质，反刍与非反刍动物都存在着酶的消化，但是非反刍动物酶的消化具有特别重要的作用；微生物消化对反刍动物和草食单胃动物十分重要，反刍动物的微生物消化场所主要在瘤胃，其次在盲肠和大肠，草食单胃动物的微生物消化主要在盲肠和大肠，消化道微生物是这些动物能大量利用粗饲料的根本原因。

当然，各类动物的消化也各具特点。非反刍动物，主要有猪、禽、马、兔等，其消化特点主要是酶的消化，微生物消化较弱；猪饲粮中的粗纤维主要靠大肠和盲肠中微生物发酵消化，消化能力较弱；反刍动物，主要有牛、羊，其消化特点是前胃（瘤胃、网胃、瓣胃）以微生物消化为主，主要在瘤胃内进行，饲料在瘤胃经微生物充分发酵，其中，70%~85%的干物质和50%的粗纤维在瘤胃内消化，皱胃和小肠的消化与非反刍动物类似，主要是酶的消化；禽类对饲料中养分的消化类似于非反刍动物猪的消化，不同的是禽类口腔中没有牙齿，靠喙采食饲料，喙也能撕碎大块食物。禽类的肌胃壁肌肉坚厚，可对饲料进行机械磨碎，肌胃内的砂粒更有助于饲料的磨碎和消化。禽类的肠道较短，饲料在肠道中停留时间不长，所以酶的消化和微生物的发酵消化都比猪的弱。未消化的食物残渣和尿液，通过泄殖腔排出。

饲料中未被消化的剩余残渣，以及机体代谢产物和微生物等在大肠后段形成粪便。粪中所含各种养分并非全部来自于饲料，有少量来自于消化道分泌的消化液、肠道脱落细胞、肠道微生物等内源性产物。

（二）尿的形成

动物生存过程中，水是一种重要的营养成分。动物体内的水分布于全身各组织器官及体液中，细胞内液约占2/3，细胞外液约占1/3，细胞内液和细胞外液的水不断进行交换，维持体液的动态平衡。不同动物体内水的周转代谢的速度不同，用同位素氚测得牛体内一半的水3.5天更新一次。非反刍动物因胃肠道中含有较少的水分，周转代谢较快。各种动物水的周转受环境因素（如温度、湿度）及采食饲料的影响。采食盐类过多，饮水量增加，水的周转代谢也加快。

尿液是动物排泄水分的重要途径，通常随尿液排出的水可占总排水量的一半左右。消化系统吸收的水分、矿物质、消化产物等通过循环系统运输到全身各处，细胞产生的代谢废物（主要有水分、尿素、无机盐等）通过泌尿系统形成尿液，排出体外。

尿的生成是在肾单位中完成的，由肾小球和肾小囊内壁的滤过、肾小管的重吸收和排泄分泌等过程而完成，它是持续不断的，而排尿是间断的。血液流经肾小球时除大分子蛋白质和血细胞，血液中的尿酸、尿素、水、无机盐和葡萄糖等物质通过肾小球和肾小囊内壁的过滤作用，过滤到肾小囊腔中，形成原尿。当尿液流经肾小管时，原尿中对动物体有用的全部葡萄糖、大部分水和部分无机盐，被肾小管重新吸收，回到肾小管周围毛细血管的血液里。原尿经过肾小管的重吸收作用，剩下的水和无机盐、尿素和尿酸等就形成了尿液。将尿生成的持续性转变为间断性排尿，这是由膀胱的机能完成的。尿由肾脏生成后经输尿管流入膀胱，在膀胱中贮存，膀胱是一个囊状结构，位于盆腔内。当贮积到一定量之后，就会产生尿意，在神经系统的支配下，由尿道排出体外。

尿液排出的物质一部分是营养物质的代谢产物；另一部分是衰老的细胞破坏时所形成的产物，此外，排泄物中还包括一些随食物摄入的多余物质，如多余的水和无机盐类。

肾脏排尿量又受脑垂体后叶分泌的抗利尿激素控制。动物失水过多，血浆渗透压上升，刺激下丘脑渗透压感受器，反射性地影响加压素的分泌。加压素促进水分在肾小管内的重吸收，尿液浓缩，尿量减少。相反，在大量饮水后，血浆渗透压下降，加压素分泌减少，水分重吸收减弱，尿量增加。此外，醛固酮激素在增加对钠离子重吸收的同时，也增加对水的重吸收，醛固酮激素的分泌主要受肾素-血管紧张素-醛固酮系统及血钾离子、血钠离子浓度对肾上腺皮质直接作用的调节。

动物摄入水量增多，尿的排出量则增加。动物的最低排尿量取决于必须排出溶质的量及肾脏浓缩尿液机制的能力。不同动物由尿排出的水分不同。禽类排出的尿液较浓，水分较少；大多数哺乳动物排出的水分较多。不同动物尿液浓度的近似值为牛 1.3 摩尔/升、兔 1.9 摩尔/升、绵羊 3.2 摩尔/升。肾脏对水的排泄有很大的调节能力，一般饮水量越少、环境温度越高、动物的活动量越大，由尿排出的水量就越少。

（三）冲洗水

冲洗水是畜禽养殖过程中清洁地面粪便和尿液而使用的水，冲洗水与被冲洗的粪便和尿液形成混合物进入粪污处理系统。

冲洗水的使用量与畜禽粪污的清理方式有关，目前主要清理方式有干清粪、水冲清粪和水泡粪。

干清粪是采用人工或机械方式从畜禽舍地面收集全部或大部分的固体粪便，地面残余粪尿用少量水冲洗，冲洗水量相对较少。

水冲清粪是从粪沟一端的高压喷头放水清理粪沟中粪尿的清粪方式。水冲清粪可保持猪舍内的环境清洁、劳动强度小，但耗水量大且污染物浓度高，一个万头猪场每天耗水量在 200~250 立方米，粪污化学需氧量（COD）在 15 000~25 000 毫克/升，悬浮固体（SS）在 17 000~20 000毫克/升。

水泡粪主要用于生猪养殖，是在猪舍内的排粪沟中注入一定量的水，粪尿、冲洗和饲养管理用水一并排放缝隙地板下的粪沟中，储存一定时间后，打开出口的闸门，将沟中粪水排出。水泡粪比水冲粪工艺节约用水，但是由于粪污长时间在猪舍中停留，形成厌氧发酵，产生大量的有害气体，如硫化氢（H_2S），甲烷（CH_4）等，恶化舍内空气环境，危及动物和饲养人员的健康。粪污的有机物浓度更高，后处理也更加困难。

二、粪污的形态

粪污的形态根据其中的固体和水分含量进行区分：直观上，粪污主要以固体和液体两种不同形态存在；如果按照粪污中固体物含量多少，则可将其形态进一步细分成固体、半固体、粪浆和液体，这 4 种形态的固体物含量分别为 > 20%、10%~20%、5%~10%、和 < 5%。由于畜禽种类不同，生理代谢过程不同，所排泄粪便的干湿程度和尿液的多少也有所差别，因而排泄时粪污的状态也不相同。粪污的相邻形态之间，如粪浆和半固体之间，并没有明显的分界线（图 2-1）。

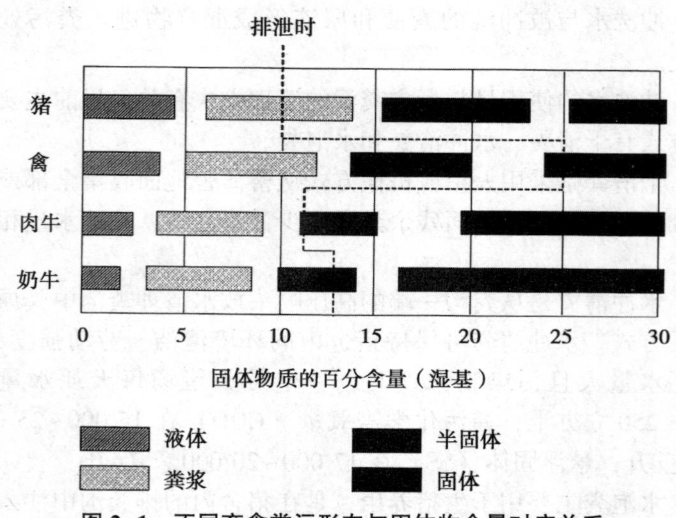

图 2-1　不同畜禽粪污形态与固体物含量对应关系

当粪污受到外界环境影响，其中的固体物含量或水分含量发生变化时，可能从一种形态转变成另一种形态，另外，动物品种、饲喂日粮、垫草的类型和数量等因素都可能影响粪污的形态。

三、粪污量的影响因素

畜禽粪污由粪便、尿液以及冲洗水组成，因此，任何影响粪便、尿液和冲洗水量的因素也势必影响粪污的产生量。

（一）粪便量的影响因素

由于粪便由饲料中未被消化的剩余残渣、机体代谢产物和微生物等组成，因此，凡是影响动物消化生理、消化道结构及其机能和饲料性质的因素，都会影响粪便量。

1. 畜禽种类、年龄和个体差异

不同种类的畜禽，由于消化道的结构、功能、长度和容积不同，因而对饲料的消化力不一样。一般来说，不同种类动物对粗饲料的消化率差异较大，牛对粗饲料的消化率最高，其次是羊，猪较低，而家禽几乎不能消化粗饲料中的粗纤维。

畜禽从幼年到成年，消化器官和机能发育的完善程度不同，对饲料养分的消化率也不一样（表 2-1）。蛋白质、脂肪、粗纤维的消化率随动物年龄的增加而呈上升趋势，但老年动物因牙齿磨损和脱落，不能很好磨碎食物，消化率又逐渐降低。

表 2-1　不同年龄猪对各种养分的消化率　　（%）

月龄	有机物	粗蛋白	粗脂肪	粗纤维	无氮浸出物
2.5	80.2	68.2	63.6	11.0	89.4
4.0	82.1	72.0	45.4	39.4	90.5
6.0	80.9	73.6	65.0	36.9	88.1

（续表）

月龄	有机物	粗蛋白	粗脂肪	粗纤维	无氮浸出物
8.0	82.8	76.5	67.9	36.4	89.8
10.0	83.4	77.6	72.6	35.1	90.2
12.0	84.5	81.2	74.5	46.2	90.1

资料来源：杨凤（2004）

同一品种、相同年龄的不同个体，因培育条件、体况、用途等不同，对同一种饲料养分的消化率也有差异。

畜禽处于空怀、妊娠、哺乳、疾病等不同的生理状态，对饲料养分的消化率也有影响。一般而言，空怀和哺乳状态动物的消化率比妊娠动物好，健康动物对饲料的消化率比生病动物要好。

2. 饲料种类及其成分

不同种类和来源的饲料因养分含量及性质不同，可消化性也不同。一般幼嫩青绿饲料的可消化性较高，干粗饲料的可消化性较低；作物籽实的可消化性较高，而茎秆的可消化性较低。

饲料的化学成分以粗蛋白和粗纤维对消化率的影响最大。饲料中粗蛋白愈多，消化率愈高；粗纤维愈多，则消化率愈低。

饲料中的抗营养物质有：影响蛋白质消化的抗营养物质或营养抑制因子有蛋白质酶抑制剂、凝结素、皂苷（皂素）、单宁、胀气因子等；影响矿物质消化利用的有植酸、草酸、棉酚等，如饲料中磷与植酸结合形成植酸磷，猪缺乏植酸酶，很难对其进行消化，因此，植物性饲料中的大多数磷都通过粪便形式排出（表2-2）；影响维生素消化利用的抗营养物质有脂肪氧化酶、双香豆素、异咯嗪。各种抗营养因子都不同程度地影响饲料消化率。

表 2-2　饲料中磷的含量和消化率

原料	饲料中磷含量（%）	磷的可消化率（%）
大麦	0.35	39
小麦	0.35	47
玉米	0.30	16
豌豆	0.40	47
豆饼粉	0.70	40
玉米面筋粉	0.70	20
木薯粉	0.15	10
肉骨粉	5.50	80

3. 饲料的加工调制和饲养水平

饲料加工调制方法对饲料养分消化率均有不同程度的影响。适度磨碎有利于单胃动物对饲料干物质、能量和氮的消化；适宜的加热和膨化可提高饲料中蛋白质等有机物质的消化，饲养水平过高或过低均不利于饲料的转化。饲养水平过高，超过机体对营养物质的需要，过剩的物质不能被机体吸收利用，反而增加畜禽能量的消耗，如蛋白质每过量1%，可供猪利用的有效能量相应减少约1%。相反，饲养水平过低，则不能满足机体需要而影响其生长和发育。以维持水平或低于维持水平饲养，饲料养分消化率最高，而超过维持水平后，随饲养水平的增加，消化率逐渐降低（表2-3）。饲养水平对猪的影响较小，对草食动物的影响较明显。

表 2-3　不同饲养水平对消化率的影响　　（%）

动物	1倍维持水平	2倍维持水平	3倍维持水平
阉牛	69.4	67.0	64.6
绵羊	70.0	67.7	65.5

（二）尿量的影响因素

畜禽的排尿量受品种、年龄、生产类型、饲料、使役状况、季节和外界温度等因素的影响，任何因素变化都会使动物的排尿量发生变化。

1. 动物种类

不同种类的动物，其生理和营养物质特别是蛋白质代谢产物不同，影响排尿量。猪、牛、马等哺乳动物，蛋白质代谢终产物主要是尿素，这些物质停留在体内对动物有一定的毒害作用，需要大量的水分稀释，并使其适时排出体外，因而产生的尿量较多；禽类蛋白质代谢终产物主要是尿酸或胺，排泄这类产物需要的水很少，尿量较少，成年鸡昼夜排尿量60~180毫升。某些病理原因常可使尿量发生显著的变化。

2. 饲料

就同一个体而言，尿量的多少主要取决于动物机体所摄入的水量及由其他途径所排出的水量。在适宜环境条件下，饲料干物质采食量与饮水量高度相关，食入水分十分丰富的牧草时动物可不饮水，尿量较少；食入含粗蛋白水平高的日粮，动物需水量增加，以利于尿素的生成和排泄，尿量较多。出生哺乳动物以奶为生，奶中高蛋白含量的代谢和排泄使尿量增加。饲料中粗纤维含量增加，因纤维膨胀、酵解及未消化残渣的排泄，使需水量增加，继而尿量增加。

另外，当日粮中蛋白质或盐类含量高时，饮水量加大，同时尿量增多；有的盐类还会引起动物腹泻。

3. 环境因素

高温是造成畜禽需水量增加的主要因素，最终影响排尿量。一般当气温高于30℃，动物饮水量明显增加，低于10℃时，需水量明显减少。气温在10℃以上，采食1千克干物质需供给2.1千克水；当气温升高到30℃以上时，采食1千克干物质需供给2.8~5.1千克水；产蛋母鸡当气温从10℃以下升高到30℃以上时，饮水量几乎增加两倍。虽然高温时动物体表或呼吸道蒸发散热增加，但是，尿量也会发生一定的变化。外界温度高、活动量大的情况下，由肺或皮肤排出的水量增多，导致尿量减少。

（三）冲洗水量影响因素

冲洗水量主要取决于畜禽舍的清粪方式。

1. 清粪方式

不同清粪方式的冲洗用水量差别很大，对于猪场，如果采用发酵床养猪生产工艺，生产过程中的冲洗用水量很少、甚至不用水冲洗；但是如果采用水冲清粪工艺，畜禽排泄的粪尿全部依靠水冲洗进行收集，冲洗用水量很大。对于鸡场，采用刮粪板或清粪带清粪，只在鸡出栏后集中清洗消毒，冲洗水量也很少。

2. 降温用水

虽然降温用水与冲洗并无关联，但不少养殖场在夏季通过冲洗动物体实现降温，冲洗水也将成为粪污的一部分，这也是一些猪场夏季污水量显著增加的一个重要原因。

四、粪污的特性

本节分别介绍粪便的特性、尿液特性和粪污的特性。

（一）粪便的特性

粪便具有物理特性和化学特性，同时还有生物学特性。由于粪便的特性较多，在此主要介绍粪便的部分化学特性和生物特性。

1. 粪便含水量

粪便中的含水量，随动物种类、年龄不同而不同。初生动物粪便含水量大，成年动物粪便含水量较小；同一动物饲喂较多的多汁饲料时，粪便的含水量增加。正常成年动物粪便的含水量分别为：猪粪81.5%、牛粪83.3%、羊粪65.5%、鸡粪50.5%。

2. 粪便含氮量

畜禽粪便中的粗蛋白包括蛋白质和非蛋白含氮物两部分。蛋白质由多种氨基酸组成，粪便中的蛋白质包括多种菌体蛋白、消化道脱落的上皮细胞、消化酶以及存在于饲料残渣中的各种未消化蛋白；非蛋白含氮物包括游离氨基酸、尿素、尿酸、氨、胺、含氮脂类、核酸及其降解产物等。各种畜禽粪便中的氮主要是有机氮（表2-4），有机氮含量占粪便中总氮量的80%以上。粪便中氮的来源有两方面：一是未消化的饲料蛋白，即外源性氮；二是机体代谢氮，即内源性氮。

表2-4 不同畜禽粪便中氮含量（干基）

畜禽粪便	有机质（%）	全氮（%）	蛋白氮（%）	碱解氮（毫克/100克）	氨氮（毫克/100克）
猪粪	24.16	2.65	2.22	458.7	426.6
牛粪	23.75	2.17	2.05	403.0	125.2
羊粪	25.83	1.84	1.72	225.1	119.9
鸡粪	25.12	4.98	4.14	1449.4	843.6

资料来源：中国农业大学（1997）

畜禽粪便中的粗蛋白平均含量以鸡粪最高，其次是猪粪，草食动物粪便相对较低。在鸡粪中粗蛋白含量又以笼养肉鸡粪最高，依次是笼养蛋鸡粪、肉鸡垫料粪、蛋鸡垫料粪和后备鸡垫料粪。

粪中氮的存在形式也具有畜禽差异，猪粪中纯蛋白含量较高，一般占粗蛋白总量的60%以上，牛粪中的粗蛋白主要是氨氮和尿素，纯蛋白含量较少；鸡粪中的粗蛋白以纯蛋白为主，其次是尿酸和氨氮，尿素和其他含氮物很少。当然粪便在降解中各种氮的含量也会发生变化。

粪中氮占粪尿总氮量的比例因畜禽种类不同而异：奶牛为60%、肉牛和绵羊为50%、猪为33%、鸡为25%。同种畜禽由于受饲料性质等多种因素的影响，粪中氮占粪尿总氮量之比常可发生一定的变化。

3. *粪便磷等矿物质含量*

粪便中的矿物质来源分两部分，一部分是日粮中未被动物吸收的外源性矿物质，另一部分是由机体代谢经消化道或消化腺等器官分泌出来的内源性矿物质。由于不同矿物元素在饲料中的含量不同以及不同动物对各种矿物质元素的吸收、代谢和排泄状况不同，畜禽粪便中的矿物质含量差异很大（表2-5）。

表2-5　畜禽粪便中矿物质含量

矿物质	牛粪	猪粪	肉鸡垫料粪	笼养蛋鸡粪
磷（%）	1.60	2.6（1.4~4.6）	1.8±0.4	2.5±0.6
钾（%）	0.50	1.0（0.6~1.6）	1.78	2.33± 0.27
铜（$\times10^{-6}$）	31	280（27~822）	98.0	150±45
锌（$\times10^{-6}$）	242.42	600（225~1059）	235	463±93

资料来源：中国农业大学（1997）

磷，反刍动物磷吸收率平均为55%、非反刍动物磷吸收率在50%~85%，而植酸磷消化吸收率低，一般在30%~40%。猪粪中的内源性磷大多由小肠分泌，40%随粪便排泄，60%随尿排出；草食动物内源性磷主要由瘤胃分泌，大部分随粪便排出，小部分随尿排出，泌乳家畜从乳中也可排出一定量的磷。

钾，饲料中的绝大部分钾可被吸收，而吸收的钾有80%~85%随尿排出，10%随粪排出，其余随汗液排出。

铜，饲料中铜的吸收率一般只有5%~10%，被吸收的铜大部分（80%以上）随胆汁排出，少量通过肾脏（约5%）和肠壁（约10%）排出；未被吸收的铜随粪便排出。反刍动物随胆汁排出的铜少于单胃动物，但随尿排出的铜高于单胃动物。

锌，反刍动物对锌的吸收能力为20%~40%，成年单胃动物为7%~15%。粪中的锌大部分是日粮中未被吸收的锌，小部分是由消化道所分泌的内源性锌。随尿排出的内源性锌量很少。

4. 粪便病原微生物

畜禽粪便中常含有病原微生物，青霉菌、黄曲霉菌和黑曲霉菌是畜禽粪便中常见的病原霉菌。据报道，约有10%~40%的动物粪便中都有破伤风杆菌，畜禽粪便中都能检出沙门氏菌属、志贺氏菌属、埃希氏菌属及各种曲霉属的致病菌型。

鸡粪中常见的病原微生物有：丹毒杆菌、李氏杆菌、禽结核杆菌、白色链球菌、梭菌、棒状杆菌、金黄色葡萄球菌、沙门氏菌、烟曲霉、鸡新城疫病毒、鹦鹉病毒等。

猪粪中常见的病原微生物有：猪霍乱沙门氏菌、猪伤寒沙门氏菌、猪巴氏杆菌、绿脓杆菌、李氏杆菌、猪丹毒杆菌、化脓棒状杆菌、猪链球菌、猪瘟病毒、猪水泡病毒等。

牛粪中常见的病原微生物有：魏氏梭菌、牛流产布氏杆菌、绿脓杆菌、坏死杆菌、化脓棒状杆菌、副结核分枝杆菌、金黄色葡萄球菌、无乳链球菌、牛疱疹病毒、牛放线菌等。

羊粪中常见的病原微生物有：羊布氏杆菌、炭疽杆菌、破伤风杆菌、沙门氏菌、腐败杆菌、绵羊棒状杆菌、羊链球菌、肠球菌、产气荚膜梭菌、口蹄疫病毒、羊痘病毒等。

寄生于畜禽消化道或与消化道相连脏器（如肝、胰等）中的寄生虫及其虫卵、幼虫或虫体片段通常和粪便一同排出，部分呼吸道寄生虫的虫卵或幼虫也可能出现在粪便中，泌尿生殖器官内的寄生虫卵或幼虫可在鸡粪中出现。

（二）尿的特性

1. 含水量

一般情况下，畜禽尿中的水分占95%～97%，固体物占3%～5%。但不同畜禽尿含水量差异很大，猪尿含水量最多，其次是牛尿和马尿，羊尿较少。

2. 有机物

尿中的含氮物质全为非蛋白氮，主要包括：尿素、尿囊酸、尿酸、肌酐、嘌呤和嘧啶碱、氨基酸和氨等。它们是蛋白质和核酸在体内代谢产生的终产物或中间产物。家畜尿中各种形态氮含量见表2-6。

表2-6　家畜尿中各种形态氮含量（占尿氮的百分比）

各种形态氮	猪尿	牛尿	羊尿
尿素	26.6	29.77	53.39
马尿酸	9.60	22.46	38.70
尿酸	3.20	1.02	4.02
肌酐	0.68	6.27	0.60
氨氮	0.79	0.00	2.24
其他氮	56.13	40.48	1.06
总氮	0.30	0.95	1.68

3. 无机物

尿中的无机物主要有钾、钠、钙、镁和氨的各种盐，其中，钙和镁在尿中含量不多。氨在尿中主要以氯化铵和硫酸铵等形式存在。另外，尿中还有少量的硫，它以硫酸盐及其复合酯的形式存在。

4. 病原微生物

对于健康畜禽，存在于膀胱中的尿是无菌的。但尿在排出过程中极易受到泌尿生殖道内存在的各种微生物如葡萄球菌、链球菌、大肠杆菌、乳酸杆菌等的污染而带菌，所以，新鲜尿中能检测到这些菌的存在，病畜禽尿中还可检测到有关的病原微生物。

寄生于畜禽消化道或与消化道相连脏器中的部分寄生虫卵或幼虫可随尿排出，泌尿生殖器官内的寄生虫卵或幼虫一般随尿排出。

（三）粪污的特性

由于粪污是畜禽粪便、尿和冲洗水的混合物，凡是畜禽粪便和尿中成分都存在于粪污中。粪便中的养分与动物摄取的饲料营养成分成正比。实际上，畜禽所摄取的饲料氮、磷和钾等养分只有部分能被动物吸收利用，未被利用的养分将随粪尿排泄出来。如奶牛所摄食饲料中有约 80%的氮和 70%的钾从粪尿中排出。

动物采食的日粮中氮含量很高（表 2-7），如高产奶牛每年摄入的氮和磷分别高达 163. 7 千克和 22. 6 千克，这些养分部分被动物所利用，但奶牛所采食氮量的 79%和磷量的 73%被排泄出体外。氮浓度在猪粪中最高，达到每千克干物质含氮 76. 2 克，其次是蛋鸡、肉鸡、奶牛和肉牛，分别为 49. 0 克、40. 0 克、39. 6 克和 32. 5 克。粪便中磷浓度以蛋鸡最高，为每千克干物质含磷 20. 8 克，其次是猪、肉鸡、肉牛和奶牛，其浓度依次为：17. 6 克、16. 9 克、9. 6 克和 6. 7 克。

表 2-7　不同动物采食量和排泄养分情况

动物	采食量（千克/年）		吸收量（千克/年）		排泄量（千克/年）		无机氮比例（%）
	N	P	N	P	N	P	
奶牛 1	163. 7	22. 6	34. 1	5. 9	129. 6	16. 7	69
奶牛 2	39. 1	6. 7	3. 2	0. 6	35. 8	6. 1	50

（续表）

动物	采食量（千克/年）		吸收量（千克/年）		排泄量（千克/年）		无机氮比例（%）
	N	P	N	P	N	P	
母猪 1	46.0	11.0	14.0	3.0	32.0	8.0	73
母猪 2	18.3	5.4	3.2	0.7	15.1	4.7	64
生长猪 1	20.0	3.9	6.0	1.3	14.0	2.5	78
生长猪 2	9.8	2.9	2.7	0.6	7.1	2.3	59
蛋鸡 1	1.2	0.3	0.4	0.0	0.9	0.2	82
蛋鸡 2	0.6	0.2	0.1	0.0	0.5	0.1	70
肉鸡 1	1.1	0.2	0.5	0.1	0.6	0.1	83
肉鸡 2	0.4	0.1	0.1	0.0	0.3	0.1	60

美国普渡大学在印第安纳州对不同畜禽养殖场的贮存粪污进行长期采样分析，不同畜禽的粪污中养分含量如表 2-8 所示。

表 2-8　不同畜禽粪污特性

单位动物产生量		养分含量（千克/立方米）			
畜禽品种	产生量（立方米/年）	总氮	NH_4	P_2O_5	K_2O
猪					
分娩猪（母带仔）	5.30	1.80	0.90	1.44	1.32
保育仔猪	0.49	3.00	1.68	2.40	2.64
生长和育肥猪	2.01	3.92	2.28	3.17	3.24
种猪或妊娠猪	1.89	3.00	1.44	3.72	3.24
奶牛/肉牛					
成年奶牛	22.71	3.72	0.78	1.80	2.28
青年奶牛	11.36	3.83	0.72	1.68	3.36
奶牛犊	2.65	3.24	0.60	1.68	2.88
肉牛犊	1.51	3.18	2.52	2.64	4.79

（续表）

单位动物产生量		养分含量（千克/立方米）			
畜禽品种	产生量（立方米/年）	总氮	NH_4	P_2O_5	K_2O
肉母牛	13.63	2.40	0.84	1.92	2.88
架子牛	5.87	3.24	0.96	2.16	2.88
育肥牛	11.73	3.48	0.96	2.16	3.12
家禽					
肉用仔鸡	0.04	7.55	1.56	4.79	3.48
产蛋龄前母鸡	0.04	7.19	1.44	4.19	3.60
蛋鸡	0.06	7.19	1.56	5.39	3.36
雄火鸡	0.13	6.35	1.92	4.79	3.52
雌火鸡	0.11	7.19	2.40	4.55	3.85
鸭	0.11	2.64	0.60	1.80	0.96

资料来源：董红敏和陶秀萍（2009）

牛粪污中近50%的氮以有机形式存在，有机氮只有被矿化后才能被植物吸收，但粪污中的无机氮（氨氮）能被植物直接吸收利用；粪便中部分磷以有机形式存在，必须经过分解矿化后才能被植物吸收。畜禽粪便中钾通常为无机养分，几乎完全为有效钾，能直接被植物利用。

第二节　畜禽粪便污染物防治的基本原则

一、资源化原则

畜禽粪污中富含农作物生长所需要的氮、磷等养分，因此，不应总是将其视为废弃物，如果利用得当，它也是很好的农业资源。畜禽粪污经过适当的处理后，固体部分可通过堆肥好氧发酵生产有机肥，液体部分可作为液体肥料，不仅能改良土壤和为农作物生长提供养分，而且能大大降低粪污的处理成本，缓解环保压力。因此，优先选择对养殖废弃资源进行循环利用，发展有机农业，通过种植业和养殖业的有机结合，实现农村生态效益、社会效益、经济效益的协调发展。

据专家预测，未来10年我国有机农业生产面积以及产品生产年均增长将在20%～30%，在农产品生产面积中占有1.0%～1.5%的份额，有机农产品生产对以畜禽粪便为原料的有机肥将有很大的市场需求。

当然需要注意的是，基于养殖污水的液体肥料，由于运输比较困难，且成本较高，提倡就近利用。因此，要求养殖场周围具有足够的农田面积，不仅如此，由于农业生产中的肥料使用具有季节性，应有足够的设施对非施肥季节的液体肥料进行贮存。对液体肥料的农业利用，要制定合理的规划并选择适当的施用技术和方法，既要避免施用不足导致农作物减产，也要避免施用过量而给地表水、地下水和土壤环境带来污染，实现养殖粪污资源化与环保效益双赢。

二、减量化原则

鉴于畜禽养殖污染源点多面广数量大的特点，在畜禽粪便污染治理上，要特别强调减量化优先原则，即通过养殖结构调整及开展清洁生产减少畜禽粪污的产生量。通过降低日粮中营养物质（主要是氮和磷）的浓度、提高日粮中营养物质的消化利用、减少或禁止使用有害添加物，以科学合理的饲养管理措施，减少畜禽排泄物中氮、磷养分及重金属的含量。例如，目前多数饲料的蛋白质含量都大大超过猪的需要量，将日粮蛋白质含量从18%降到16%，将使育肥猪的氮排泄量减少15%，荷兰商品化的微生物植酸酶添加后，可使猪对磷的消化率提高23%～30%。在各国的饲养标准中铜仅为3～8毫克/千克，但饲料中添加125～250毫克/千克的铜对猪有很好的促生长作用。由于目前主要是以无机形式作为铜源，它在消化道内吸收率低。一般成年动物对日粮铜的吸收率不高于5%~10%，幼龄动物不高于15%~30%，高剂量时的吸收率更低。为了减少高铜添加剂的使用，目前可以考虑使用有机微量元素产品，如蛋氨酸锌和赖氨酸铜等，按照相应需要量的一半配制日粮，猪的生长性能并不降低，且粪铜、锌排泄量可减少30%左右，或使用卵黄抗体添加剂、益生素、寡糖、酸化剂等替代添加剂。

从养殖场生产工艺上改进，采用用水量少的干清粪工艺，以减少污染物的排放量，降低污水中的污染物浓度，降低处理难度及处理成本。畜禽粪便的含水量约为85%，现代化养猪（牛）场，运用机械化清粪工艺，进入集粪池的粪尿含水率大于95%。因此可以通过多种途径如干湿分离、雨污分离、饮排分离等科学手段和方法，减少粪便污水的数量及利用和处理难度，以便在此基础上实施资源再生利用。

三、生态化原则

解决畜禽养殖业污染的根本出路是确立可持续发展的思想，发展生态型畜牧业，即将整个畜禽养殖业纳入大农业、整体农业的生产体系或全盘规划之中，以促进城市郊区和农村整个种植业、养殖业的平衡及其良性循环。

使城市郊区和农村畜禽养殖规模及其粪便产生量，处于城市郊区和农村土地总量土壤吸收、种植业牧场自然吸收、净化能力控制范围内，环境容量承受力范围内，从而使动植物间相得益彰，形成良性循环，走可持续发展之路。这就要求畜禽养殖业充分利用自然生态系统，在饲养规模上以地控畜，合理布局，让畜牧业回归大农业，并使之与种植业紧密结合，以畜禽粪便肥养土地，以农养牧，以牧促农，实现系统生态平衡。尤其在绿色食品、有机农业呼声日益高涨的今天，加强农牧结合，不仅可减轻畜禽粪便对环境的污染，还可提高土壤有机质含量，提高土壤肥力，进而提高农产品质量，实现农业可持续发展，获得较高效益，真正实现种、养生态平衡。

四、无害化原则

畜禽粪便污染的治理不管运用什么手段，不管其最终走向何处，都有一个大原则要遵循，即其处理手段、过程、最终质量标准，都必须符合“无害化”的要求。

因为畜禽粪便中含有大量的病原体，会给人畜带来潜在的危害。故在利用或排放之前必须进行无害化处理并达到无害化标准，使其在利用时不会对牲畜的健康生长产生不良影响，不会对作物产生不利的因素，排放的污水和粪便不会对人的饮用水构成危害。

实现畜禽粪便污染治理无害化的目标，必须全面推广畜禽废物治理的最新技术，严格控制畜禽养殖业污染源，并注意以防治水环境污染为主，兼顾空气污染和土壤污染防治。达此标准，需强调达标排放，严格执法，充分运用行政、经济、法律、科技和教育的手段，确保治污效果，以促进都市型现代化农业的高效、优质和生态型发展。

第三章 畜禽粪污的清理与贮存技术

第一节 畜禽粪便污染物的清理技术

目前我国规模化养殖场采用的畜禽粪便污染物清理技术主要有干清粪技术、水泡粪技术、水冲清粪技术和雨污分离技术等。

各种清粪技术所用水量及水质指标如表 3–1 所示。

表 3–1 不同清粪技术的猪场污水水质和用水量

		干清粪	水泡粪	水冲清粪
用水量	平均每头（升/天）	35~40	20~25	10~15
	万头猪场（立方米/天）	210~240	120~150	60~90
水质指标（毫克/升）	BOD_5	5 000~6 000	4 000~10 000	400~800
	CODcr	11 000~1 3000	8 000~2 4000	1 000~2 000
	SS	17 000~20 000	28 000~35 000	100~340

BOD 是一种用微生物代谢作用所消耗的溶解氧量来间接表示水体被有机物污染程度的一个重要指标。其定义是：在有氧条件下，好氧微生物氧化分解单位体积水中有机物所消耗的游离氧的数量，表示单位为氧的毫克/升（O_2，毫克/升）。主要用于监测水体中有机物的污染状况。一般有机物都可以被微

生物所分解，但微生物分解水中的有机化合物时需要消耗氧，如果水中的溶解氧不足以供给微生物的需要，水体就处于污染状态。一般以5日作为测定的标准时间，因而称五日生化需氧量（BOD_5）。我国污水综合排放标准分3级，规定了污水和废水中BOD_5的最高允许排放浓度，其中一级标准BOD_5值为20毫克/升，二级标准BOD_5值为30毫克/升，三级标准BOD_5值为300毫克/升。

CODcr是采用重铬酸钾作为氧化剂测定出的化学耗氧量，即重铬酸盐指数，会有部分因素影响COD的值，导致CODcr≠COD，理论上COD>CODcr，实际应用中CODcr表示COD。重铬酸盐指数即重铬酸盐值，又称重铬酸盐氧化性或重铬酸盐需氧量，记为CODcr。用标准步骤，以重铬酸钾为氧化剂测定的水的化学需氧量。水样中加入过量的重铬酸钾溶液和硫酸，加热并用硫酸银作催化剂促使氧化反应完善，过剩的重铬酸钾以亚铁灵为指示剂，用硫酸亚铁标准液回滴，然后将重铬酸钾消耗量折算为以每升水耗氧的毫克数表示。此法氧化程度高，可用以说明废水受有机物污染的情况。我国污水综合排放标准分3级，规定了污水和废水中CODcr的最高允许排放浓度，其中一级标准CODcr值为100毫克/升，二级标准CODcr值为150毫克/升，三级标准CODcr值为500毫克/升。

SS（悬浮物）指悬浮在水中或大气中的粒子，用肉眼可以分辨的固体物质，包括不溶于水中的无机物、有机物及泥沙、黏土、微生物等。水中悬浮物含量是衡量水污染程度的指标之一。悬浮物是造成水浑浊的主要原因。水体中的有机悬浮物沉积后易厌氧发酵，使水质恶化。我国污水综合排放标准规定了污水和废水中悬浮物的最高允许排放浓度，其中一级标准SS值为70毫克/升，二级标准SS值为150毫克/升，三级标准SS值为400毫克/升。

一、干清粪

干清粪技术是畜禽粪尿固液分离，单独清除粪便的养殖场清理工艺，能及时、有效地清除畜禽舍内的粪便、尿液，保持畜禽舍内的环境卫生，充分利用劳动力资源丰富的优势，减少粪污清理过程中的用水、用电，保持固体粪便的营养物，提高有机肥肥效，降低后续粪尿处理的成本。

干清粪工艺的主要方法是，粪便一经产生便进行分流，干粪由人工或机械收集、清扫、运走，尿及冲洗水则从下水道流出，分别进行处理。这种技术固态粪污含水量低，粪中营养成分损失小，肥料价值高，便于高温堆肥或其他方式的处理利用。产生的污水量少，污染物含量低，易于净化处理，是目前理想的清粪技术之一。

凡是新建、改建或是扩建的养殖场都应采取用水量少的干清粪工艺，减少污染物的排放总量，降低污水中的污染物浓度，以降低处理难度及处理成本，同时可使固体粪污的肥效得以最大限度地保存和便于其处理利用。

根据养殖场规模情况可选择人工或机械清粪工艺。

人工清粪就是利用清扫工具人工将畜禽舍内的粪便清扫收集。该技术适用于小型养殖场，具有设备简单、不用电力、能耗低、一次性投资少等优点，还可以做到粪尿分离，便于后面的粪尿处理；但劳动量大，生产效率低。

机械清粪指采用专用的机械设备进行清粪，适用于中型以及上规模养殖场。机械清粪效率高，可以减轻劳动强度，节约劳动力，提高工效，但一次性投资较大，运行维护费用较高。而且目前我国生产的清粪机在使用可靠性方面还存在欠缺，故障发生率较高，由于工作部件上沾满粪便，维修困难。此外，清粪机工作时噪音较大，不利于畜禽的生长。养猪场通常采用链式刮板清粪机或往复式刮板清粪机等机械；养牛场的清扫及废物的装卸通常使用可伸缩全轮驱动装载机；养鸡场通常采用传送式鸡粪输送装置（图 3-1）。

图 3-1　某养殖场的机械清粪

采用干清粪技术可将混合废水分离为固态粪便和液态废水，有利于高浓度污染物的高效处置及综合利用，生产工艺用水量可减少 40%~50%；废水的化学需氧量、氨氮、总磷和总氮等指标分别降低 88%、55%、65%和 54%。

采用干清粪的清洁生产方式，可为后续畜禽养殖废水的减少和高效、低成本的处理，以及畜禽粪便的利用创造有利条件。

二、水泡粪

水泡粪工艺的主要目的是定时、有效地清除畜舍内的粪便、尿液，减少粪污清理过程中的劳动力投入，减少冲洗用水，提高养殖场自动化管理水平。水泡粪清粪工艺是在水冲粪工艺的基础上改造而来的。工艺流程是在猪舍内的排粪沟中注入一定量的水，粪尿、冲洗用水和饲养管理用水一并排放漏缝地板下的粪沟中，贮存一定时间后（一般为 1~2 个月），待粪沟装满后，打开出口的闸门，将沟中粪水排出。粪水顺粪沟流入粪便主干沟，进入地下贮粪池或用泵抽吸到地面贮粪池。

水泡粪系统是在建场时设计和施工，粪污收集系统不需要单独投资。一个污水收集系统至少需污水泵 3 台，人工费用极少。后续的粪污处理工艺需进行固液分离，固液分离占地约 50 平方米，采用螺旋挤压式固液分离机。运行费用主要包括：水费、电费和维护费。一头猪每天需用水 10 ~ 15 升，电费主要来自闸门自动开关系统和污水泵用电。优点是：比水冲粪工艺节省用水。缺点是：由于粪便长时间在猪舍中停留，形成厌氧发酵，产生大量的有害气体，如硫化氢（H_2S），甲烷（CH_4）等，恶化舍内空气环境，危及动物和饲养人员的健康。粪水混合物的污染物浓度更高，后处理也更加困难。该工艺技术上不复杂，不受气候变化影响，污水处理部分基建投资及动力消耗较高（图 3–2）。

图 3–2　规模养猪场内水泡粪系统的漏粪板

三、水冲清粪

水冲清粪工艺是规模化养猪时采用的主要清粪模式。该工艺的主要目的是及时、有效地清除畜舍内的粪便、尿液，保持畜舍环境卫生，减少粪污清理过程中的劳动力投入，提高养殖场自动化管理水平。

水冲清粪的方法是粪尿污水混合进入漏缝地板下的粪沟，每天数次从沟端的水喷头放水冲洗。粪水顺粪沟流入粪便主干沟，进入地下贮粪池或用泵抽吸到地面贮粪池。

水冲粪系统是在建场时设计和施工，粪污收集系统不需要单独投资。其主要设施是高压喷头、污水泵。人工费用极少。后续的粪污处理工艺需进行固液分离，固液分离设施占地约50平方米，采用螺旋挤压式固液分离机。运行费用主要包括水费、电费和维护费。一头猪每天需用水20~25升，电费主要来自水喷头和污水泵用电。优点是：水冲粪方式可保持猪舍内的环境清洁，有利于动物健康。劳动强度小，劳动效率高，有利于养殖场工人健康，在劳动力缺乏的地区较为适用。缺点是：耗水量大，要用约5倍的水将粪便冲出，耗水量大、污水及稀粪量大、处理工艺复杂、设备投资大，且难以处理好，粪便处理后达标排放行不通。如一个万头养猪场每天需消耗大量的水（200~250立方米）来冲洗猪舍的粪便。污染物浓度高，COD为11 000~13 000毫克/升，BOD为5 000~6 000毫克/升，SS为17 000~20 000毫克/升。固液分离后，大部分可溶性有机质及微量元素等留在污水中，污水中的污染物浓度仍然很高，而分离出的固体物养分含量低，肥料价值低。表3-2提供了养猪场3种清粪工艺水量消耗情况。

表3-2　养猪场三种清粪工艺水量消耗情况

项目		干清粪	水泡粪	水冲清粪
水量	平均每头/（升/天）	10~15	20~25	35~40
	万头猪场/（立方米/天）	60~90	120~150	210~240

四、雨污分离

雨污分离是将雨水和养殖场所排污水分开收集的措施。雨水可采用沟渠输送，污水采用管道输送，养殖场的污水收集到厌氧发酵系统的进料池中进行后续的厌氧发酵再处理（图 3-3）。

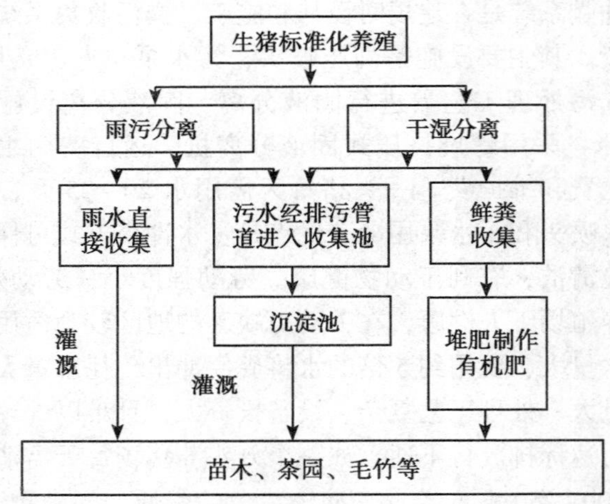

图 3-3　某生猪养殖场的雨污分离工艺流程图

建设雨污分离设施的内容包括建设雨水收集明渠和铺设畜禽粪污水的收集管道，保证雨水与粪污水完全分离。

首先，在畜禽养殖场厂房的屋檐雨水侧，修建或完善雨水明渠，雨水明渠的基本尺寸为 0.3 米×0.3 米，可根据情况适当调整，雨水经明渠直接流入一级生态塘。

其次，在畜禽养殖场厂房的污水直接排放口或污水收集池排放口铺设污水输送管道，管道直径在 200 毫米以上，如果采用重力流输送的污水管道管底坡度不低于 2%，将收集的畜禽污水输送到厌氧发酵系统的调浆池或进料池中进行处理，水质达标后再进行无害化排放。

由于雨水污染轻，经过分流后，可直接排入城市内河，经过自然沉淀，即可作为天然的景观用水，也可作为供给喷洒道路的城市市政用水，因此雨水经过净化、缓冲流入河流，可以提高地表水的使用效益。同时，让污水排入污水管网，并通过污水处理厂处理，实现污水再生回用。雨污分离后能加快污水收集率，提高污水处理率，避免污水对河道、地下水造成污染，明显改善环境，还能降低污水处理成本，这也是雨污分离的一大益处。

第二节 畜禽粪便污染物的贮存技术

为了对畜禽粪便进行有效处理与利用，减少污染，畜禽养殖场应分别设置固体粪便和废水贮存设施，如堆粪场、贮粪池、污水池等。

一、堆粪场

畜禽场内应建立堆粪场，对固体粪便进行有效处理。

通过干捡粪和固液分离出来的畜禽粪便中含有大量的有机质和氮、磷、钾等植物必需的营养元素，但也含有大量的微生物（其中包括正常的微生物群和病原微生物群）和寄生虫（卵）。因此，只有经过无害化处理，消灭病原微生物和寄生虫（卵），才能加以应用。常见的处理方法有生物发酵法、干燥法及焚烧法等。但焚烧法在燃烧处理时不仅使一些有利用价值的营养元素被烧掉，造成资源的浪费，而且容易产生二次污染，不宜提倡。生物发酵法包括自然堆沤发酵、好氧高温发酵、好氧低温发酵、厌氧发酵等方法。一般而言，对固态粪污的处理宜采用自然的或人工的好氧堆肥发酵方法，因为堆肥法比干燥法具有燃料省、成本低、发酵产物生物活性强、粪便处理过程中养分损失少且可达到去臭、灭菌的目的。处理的最终产物较干燥，易包装、撒施，故对于畜禽场捡来的干粪和由粪水中分离出的干物质，进行堆肥化处理是最佳的固体粪便处置方式。

有条件的地区可在一定范围内成立专业的有机肥生产中心，将附近养殖场固体粪便集中收集起来，采用好氧性集中堆肥发酵的方法将其制成优质有机肥，或加工成再生饲料（图3-4）。

图 3-4　某规模养猪场的堆粪场

如在大型养殖场建立完善畜禽粪便无害化处理设施，可以建一些污物处理池，有条件的地方可以建设无害化处理厂，实行工业化处理，实现零污染排放。工厂化好氧发酵处理是比较彻底的畜禽粪便处理方式，它不会产生明显的二次污染，处理后的产品性质稳定、可以进行贮存和运输。发酵处理后的畜禽粪便，已是稳定的富含有机质的肥源，可以改良土壤，提供作物养分。

利用生物技术生产的生物有机肥，其作用主要是改良土壤，增强地力，减少化肥过量而造成的危害。高效生物有机肥做到无臭、无害化，纯天然、高活性，是生物性和有机性的有机统一。畜禽粪便堆肥化生产，可有效控制畜禽粪随意堆放，有效防止环境污染。生产这种有机肥需用1%的菌种、10%的木屑和89%的畜禽粪便，都是废弃资源再利用，具有生物性和有机性双重特征，能有效杀灭畜禽粪便中的病菌、病毒，既可保护生态环境，又可提高农作物的品质。实行工厂化生产可充分考虑各种原料的特点，生产相应的有机肥。这种搭配，既结合了当地重点处理的废弃物，同时对各种有机废弃物的资源从养分、碳氮比、水分、物理性能等多方面做了优良搭配，充分利用了各种有机肥资源。通过一定配比制造的有机物，其理化性质和肥效都远大于畜禽粪便。畜禽粪便转化成高效生物有机肥，可有效控制畜禽粪便的任意堆放，减少了环境污染，同时还可变废为宝，增加养殖户的经济收入，实现面源污染物的减量化、无害化和资源化，有利于保护环境。

二、贮粪池

畜禽场亦要建立贮粪池，即可采用集中堆贮发酵的方法对畜禽粪便进行处理。该种方法适用于农村养殖比较集中的村屯，投入少，操作简单，效果明显，在广大农村较为容易做到。将各户产生的畜禽粪便统一运出村外空地上堆贮，添加生物菌剂，经一段时间生物发酵处理，从而达到畜禽粪便彻底脱臭、腐熟、杀虫、灭菌的无害化、商品化处理目的。作为有机肥还田，培肥地力，涵养水源，节约农业生产中化肥施用量，降低种植业成本，实现农业和牧业并举，良性循环，改善农民居住环境，加快新农村建设步伐。还可以销售到专业厂家进一步加工生产成专用肥。

堆贮是处理畜禽粪便较为简便、有效、完善的方法。只要有足够的水分（40%~60%）和可溶性碳水化合物，即可与作物的残体、饲草、作物秸秆或其他粗饲料一起堆贮。堆贮时，畜禽粪便与饲草或其他农作物秸秆搭配比例最好是 1∶4。粗纤维的消化率可通过添加氢氧化钠、氢氧化钾、氢氧化铵等碱性物质来提高。堆贮法可提高畜禽粪便的适口性和吸收率，防止蛋白质损失，还可将部分非蛋白氮转化成蛋白质。故堆贮畜禽粪便比干粪营养价值高，堆贮又可有效地杀灭细菌。

三、稳定塘

稳定塘是一种利用天然的或经人工修整的池塘处理废水的构筑物。稳定塘对废水的净化过程和天然水体的净化过程很接近；它是两个菌藻共生的生态系统。

稳定塘处理废水时，废水在塘内的停留时间很长，有机污染物通过水中的微生物的代谢作用而降解。根据稳定塘内溶解氧的来源和塘内有机污染物的降解形式，稳定塘可分为好氧塘、兼性塘、厌氧塘和曝气塘、水生植物塘等。实际上，大多数稳定塘严格上讲都是兼性塘，塘内同时进行着好氧反应和厌氧反应。

以兼性塘为例，介绍其净化污水的原理。废水进入塘内，水中的溶解性有机物为好氧细菌所氧化分解，所需的氧除通过大气扩散进入水体或通过人工曝气加以补充外，相当一部分由藻类和水生植物在光合作用中所释放，而藻类进行光合作用所需的 CO_2 则由细菌在分解有机物的过程中产生。废水中的可沉固体和塘中生物尸体沉积于塘底，构成污泥，它们在产酸细菌的作用下分解为有机酸、醇、氨等，其中一部分可进入好氧层而被氧化分解，另一部分则被污泥中产甲烷菌分解成沼气。

稳定塘是一种简单、有效而经济的废水处理方法，但是，稳定塘的处理效果受日光辐射、温度、季节等因素的影响很大，一般不能保证全年达到处理要求。在畜禽养殖业废水处理中常作为强化出水水质的措施，能有效地去除氮、磷等有机物和营养物（图 3-5）。

图 3-5 某生猪养殖场用于处理废水的稳定塘

四、污水池

畜禽场还应建立污水池（图 3-6），可对养殖场污水等进行贮存和处理。畜禽养殖场污水处理的方法主要有厌氧处理法和厌氧-好氧联合处理法。厌氧处理法是处理养殖场高浓度有机废水的常用方法，主要的有厌氧接触工艺（CSTR）、厌氧滤器（Ar）、上流式厌氧污泥床（UASB）、污泥床滤器（UBF）、两段厌氧消化法、升流式污泥床反应器（USR）等，而目前国内养殖场主要采用 UASB 及 USR 处理工艺。

上流式厌氧污泥床（UASB）技术由污泥反应区、气液固三相分离器（包括沉淀区）和气室三部分组成。在底部反应区内存留大量厌氧污泥。污水从厌氧污泥床底部流入与污泥层中的污泥进行混合接触，污泥中的微生物将有机物转化为沼气。污泥、气泡和水一起上升进入三相分离器实现分离。

图 3–6　某养殖场的污水池

UASB 可在高温条件（50～55℃）及中温条件（35℃）下运行，对于畜禽养殖废水，通常采用中温发酵。UASB 反应器污泥床高度一般为 3～8 米，沉淀区表面负荷约 0.7 立方米/(平方米·时)，进入沉淀区前，通过沉淀槽底缝的流速不大于 2 立方米/（平方米·时）。同时，由于畜禽养殖废水中悬浮物含量较高，因此畜禽养殖废水 UASB 有机负荷不宜过高，采用中温发酵时，通常为 10 千克 COD/（立方米·天）左右。该技术优点是反应器内污泥浓度高，有机负荷高，水力停留时间长，无须混合搅拌设备。缺点是进水中悬浮物需要适当控制，不宜过高，一般在 100 毫克/升以下；对水质和负荷突然变化较敏感，耐冲击力稍差。适用于大中型养殖场污水处理的预处理。

升流式固体厌氧反应器（USR）技术是指原料从底部进入反应器内，与反应器里的厌氧微生物接触，使原料得到快速消化的技术。未消化的有机物和厌氧微生物靠自然沉降滞留于反应器内，上清液从反应器上部溢出，使固体与微生物停留时间高于水力停留时间，从而提高了反应器的效率。相比 CSTR 反应器，USR 反应器拥有更大的高径比，通常大于 1.2。同时，USR 技术对布水均匀性要求较高，需设置布水器（管）。为了防止反应器顶部液位高度发生结壳现象，应在反应器顶部设置喷淋管。USR 运行温度和停留时间与 CSTR 基本相同，目前国内多采用中温发酵。该技术优点是处理效率较高，管理简单，运行成本低，适用于中、小型沼气工程。

一般说，活性污泥等好氧处理法，其 COD、BOD_5、SS 去除率较高，可达到排放标准，但氮、磷去除率低，且工程投资大，运行费用高。

自然生物处理法，其 COD、BOD_5、SS、N、P 去除率较高，可达到排放标准，且成本低，但占地面积太大，周期太长，在土地紧缺的地方难以推广。

厌氧生物处理法可处理高浓度有机质的污水，因为它不仅可去除大量可溶性有机物，还可杀死传染病菌，有利防疫。这是固液分离、沉淀和气浮等工艺不可取代的。其自身耗能少、运行费用低，且产生能源，但处理后的水达不到排放标准。

厌氧-好氧联合处理技术，既克服了好氧处理能耗大或土地面积紧缺的不足，又克服了厌氧处理达不到排放要求的缺陷，具有投资少、运行费用低、净化效果好、能源环境综合效益高等优点，特别适合于高浓度有机废水的畜禽场污水处理。如果规模化养殖场采用高效厌氧反应器（UASB）作为厌氧处理单元，COD 去除率可达到 80%~90%，然后采用活性污泥法作为好氧处理单元，COD 去除率可达到 50%~60%，最后采用氧化塘等作为最终出水利用单元，其出水可达到标准排放要求。

五、人工湿地系统

人工湿地污水处理技术是 20 世纪 70 年代末发展起来的一

种污水处理新技术。它具有处理效果好（对 BOD_5 的去除率可达85%~95%，COD去除率可达80%以上），氮磷去除能力强（对总氮和总磷的去除率可分别达60%和90%），运转维护方便、工程基建和运转费用低以及对负荷变化适应能力强等特点。比较适合于技术管理水平不很高、有充足废弃坑塘洼地或土地的乡村地区。人工湿地系统在运行之中，其处理规模有大有小，规模小的仅处理一家一户排放的废水（湿地面积只有40平方米），规模大的占地达5 000平方米。

就目前我国养殖业废水处理来说，一般常规厌氧加好氧的处理工艺出水难以达到相应标准的排放要求，如果采用强制的物理化学措施强化处理效果，往往成本过高。人工湿地系统的特点恰好能弥补养殖业经济能力有限、缺乏有一定操作与管理水平的技术人员的局限，尤其适合地处农村地区的养殖场。采用人工湿地处理系统强化养殖业废水厌氧加好氧或厌氧加氧化塘处理系统的处理效果，不失为一种适宜的处理技术。

（一）人工湿地系统的构造与类型

1. 人工湿地的构造

人工湿地系统是一种由人工建造和监督控制的、与沼泽地类似的地面，它利用自然生态系统中的物理、化学和生物的三重协同作用来实现对污水的净化作用。这种湿地系统是在一定长宽比及底面坡度的洼地中，由土壤和按一定坡度填充一定级别的填料（如砾石等）混合结构的填料床组成，废水可以在填料床床体的填料缝隙中流动，或在床体的表面流动，并在床体的表面种植具有处理性能好、成活率高、抗水性强、生长周期长、美观及具有经济价值的水生植物（如芦苇等），形成一个独特的植物生态环境，从而实现对废水的处理。当床体表面种植芦苇时，则常称其为芦苇湿地系统。

在湿地系统的设计工程中，应尽可能增加水流在填料床中的曲折性以增加系统的稳定性和处理能力。在实际设计过程中，常将湿地多级串联、并联运行，或附加一些必要的预处理、后处理设施而构成完整的污水处理系统（图 3–7）。

图 3–7　某养殖小区人工种植莲藕作为粪污处理湿地系统

2. 人工湿地的类型

人工湿地可按污水在湿地床中流动的方式不同分为 3 种类型：地表流湿地、潜流湿地和垂直流湿地。

（1）地表流湿地。在地表流湿地系统中，污水在湿地表面流动，水位较浅，多在 0.1~0.6 米之间。这种系统与自然湿地最为接近，污水中的有机物去除主要依靠生长在植物水下部分的茎、秆上的生物膜完成的，难以利用填料表面的生物膜和生长丰富的植物根系对污染物的降解作用，因此其处理能力较低。同时，这种湿地系统的卫生条件较差，易在夏季滋生蚊蝇、产生臭味而影响湿地周围环境；在冬季或北方地区则易发生表面结冰问题，系统的处理效果受温度影响程度大，因而在实际工程中应用较少。但这种湿地系统具有投资低的特点。

（2）潜流湿地。又称渗滤湿地，污水在湿地床的内部流动，一方面可以充分利用填料表面生长的生物膜、丰富的植物根系及表层土和填料截流作用，易提高处理效果和能力；另一方面则由于水流在地表以下流动，故其有保温性较好、处理效果受气候影响小、卫生条件较好等特点。潜流湿地系统是目前应用较多的类型，但这种湿地系统较地表流湿地系统投资要高一些。

在潜流湿地系统的运行过程中，污水经配水系统（由卵石构成）在湿地一端均匀地进入填料床植物根区。根区填料层由 3 层组成：表层土壤、中层砾石和下层小豆石。在表层土壤种植具有前文所述特点的耐水性植物，如芦苇、蒲草、大米草和席草等。这些植物生长有非常发达的根系，可以深入到表土以下 0.6~0.7 米的砾石层中，并交织成网与砾石一起构成一个透水性良好的系统。这些植物根系具有较强的输水能力，可使根系周围的水环境保持较高浓度的溶解氧，供给生长在砾石等填料表面的好氧微生物生长、繁殖及对有机污染物的降解所需。经过净化的水由湿地末端的集水区中铺设的集水管收集后排出处理系统。一般情况下，这种人工湿地的出水水质优于传统的二级生物处理。

（3）垂直流湿地。系统中水流综合了地表流系统和潜流系统的特性，水流在填料中基本呈由上向下垂直流，水流流经床体后被铺设在出水端底部的集水管收集而排出处理系统。这种系统基建要求较高，较易滋生蚊蝇，目前已采用不多。

（二）人工湿地的净化机理

人工湿地对废水的处理综合了物理、化学和生物的 3 种作用。湿地系统成熟后，填料表面和植物根系将由于大量微生物的生长而形成生物膜。废水流经生物膜时，大量的 SS 被填料和植物根系阻挡截流，有机污染物则通过生物膜的吸收、同化及异化作用而被去除。湿地床系统中因植物根系对氧的传递释放，使其周围环境中依次呈现出好氧、缺氧和厌氧状态，保证了废水中的氮磷不仅能被植物和微生物作为营养成分而直接吸收，还可以通过硝化、反硝化作用及微生物对磷的过量积累作用将其从废水中去除，最后湿地床填料的定期更换或栽种植物的收割而使污染物最终从系统中去除。

人工湿地中氧的来源主要是通过植物根系的光合作用（根系输送）对氧的释放、进水中携带的氧以及水面的更新作用而获得。植物根系的输氧作用使得根系周围形成好氧区域，其中形成的好氧生物膜对氧的利用使离根系较远的区域呈现缺氧状态，而在离根系更远的区域则呈现出完全厌氧状态。这些溶解氧含量不同的区域分别有利于大分子有机物及氮磷的去除。

废水中的不溶性有机物通过湿地的沉淀、过滤作用，可以很快地被截留而被微生物利用；而可溶性有机物则通过植物根系生物膜的吸附、吸收及生物代谢过程而被分解去除。

废水中的氮一般主要以有机氮和氨氮的形式存在。湿地处理过程中，有机氮首先被异养微生物转化为氨氮，而后氨氮在硝化菌的作用下被转化为无机亚硝态氮和硝态氮，最后通过反硝化菌的作用以及植物根系的吸收作用而从系统中去除。湿地系统中植物根系的输氧及其传递作用，使得床体中呈现好氧、缺氧和厌氧状态，依靠植物根系营造的交替出现的好氧、缺氧区域，人工湿地中的氮主要是通过硝化和反硝化作用去除的。人工湿地系统较传统活性污泥法有更强的脱氮能力，一般人工湿地对总氮的去除率可达60%以上。

人工湿地对磷的去除是通过微生物的积累、植物的吸收和填料床的物理化学性能等几方面的协调作用共同完成。无机磷是植物的必需营养元素，植物吸收的无机磷被合成ATP、DNA和RNA等植物有机成分，通过对植物的收割而将磷从系统中除去。依靠微生物的吸收、累积和填料床的吸附、置换，最后通过更换填料床从系统中去除磷的能力是有限的。在上述3种作用中，一般以植物对磷的吸收、去除作用为主。湿地系统对磷的去除率可高达90%左右。

(三) 人工湿地的设计及运行

人工湿地污水处理技术还处于开发阶段，尚没有比较成熟的设计参数，一般设计还是以经验为主。由于不同地区的气候条件、植被类型以及地理情况等的差异，一般针对某种废水，先经小试或中试取得有关数据后进行人工湿地设计。设计时要考虑不同水力负荷、有机负荷、结构形式、布水系统、进出水系统、工艺流程和布置方式等影响因素，还要考虑所栽种的植物特点等。

从不同类型湿地系统的特点看，潜流湿地的应用前景更好。对于潜流湿地的设计深度，一般要根据所栽种的植物种类及其根系的生长深度来确定，以保证湿地床中必要的好氧条件。对于芦苇湿地系统，处理生活污水时，设计深度一般为0.6~0.7米；处理较高浓度有机废水时，设计深度在0.3~0.4米之间。为保证湿地深度的有效使用，在运行的初期应适当将水位降低以促进植物根系向填料床的深度方向生长。湿地床的坡度一般在1%或稍大些，最大可达8%，具体应根据所选填料来确定，如对于以砾石为填料的湿地床，其底坡度为2%。

人工湿地系统占地面积较大，处理单位体积的污水，用地面积一般为传统二级生物处理法的2~3倍。因此，采用人工湿地系统处理污水时，应因地制宜确定场地，尽量选择有一定自然坡度的洼地或经济价值不高的荒地，以减少土方工程量、有利于排水和降低投资与运转成本。

在人工湿地系统的设计过程中，应考虑尽可能地增加湿地系统的生物多样性。因为生态系统的物种越多，其结构组成越复杂，则其系统稳定性越高，因而对外界干扰的抵抗力越强。这样可提高湿地系统的处理能力和使用寿命。在湿地植物物种的选择上，可根据耐污性、生长能力、根系发达程度以及经济价值和美观要求等因素来确定，同时要考虑因地制宜，尽量选择当地物种。通常用于人工湿地的植物有芦苇、席草、大米草、水花生和稗草等，但最常用的是芦苇。芦苇的栽种可采用播种和移栽插种的方法，一般移栽插种的方式更经济快捷。移栽插种的具体方法是将有芽苞的芦苇根剪成长 10 厘米左右，将其埋入 4 厘米深的土壤中并使其上端露出地面。插种的最佳期是秋季，但早春也可以。

为防止湿地系统渗漏而造成地下水污染，一般要求在工程施工时尽量保持原土层，在原土层上采取防渗措施，如用黏土、沥青、油毡或膨润土等铺设防渗层。经济条件允许时，可选择适当厚度的聚乙烯树脂板或塑料膜作为防渗材料，但要防止填料对防渗材料的损坏。

第四章　畜禽粪污利用技术

第一节　畜禽粪便肥料化利用技术及农业循环模式

一、直接施肥

国内外众多文献研究表明，对于畜禽养殖非点源污染的治理应以在较低成本下促进粪尿还田为目标。直接施肥即是将养殖业产生的畜禽粪便不做任何处理，直接排放到农田，用于种植业的作物生长和发育。

该模式的核心是将养殖业产生的畜禽粪便，直接排放到农田，经过在农田的自然堆沤，为农田提供有机质、氮磷钾等养分，用于农田作物的生长发育。通过畜禽粪便缓慢的自然发酵转变为有机肥，将种植业和养殖业有机结合，达到物质和能量在种植业和养殖业之间循环流通的目的。此种模式将畜禽养殖排出的粪便不经任何处理直接用作肥料施入田间，无须专门的设备，节省了费用，省去了粪便处理的时间。然而畜禽粪便不做任何处理直接用作肥料，存在许多缺点：

（1）传染病虫害。畜禽粪便中含有大量的大肠杆菌、线虫等有碍健康的微生物，直接施用会导致病虫害的传播，使作物发病，对人体健康产生坏的影响；未腐熟有机物质中还含有植物病虫害的侵染源，施入土壤后会导致植物病虫害的发生。

（2）发酵烧苗。未发酵的粪便施入地里后，当发酵条件具备时，在微生物的活动下，生粪发酵，当发酵部位距植物根部较近，或作物植株较小时发酵产生的热量会影响作物生长，严重时会导致植株死亡。

（3）毒气危害。生粪在分解过程中产生甲烷、氨等有害气体，使土壤中作物产生酸害和根系损伤。

（4）土壤缺氧。有机物质在分解过程中消耗土壤中的氧气，使土壤暂时性地处于缺氧状态，在这种缺氧状态下，会使作物生长受到抑制。

（5）肥效缓慢。未发酵腐熟的有机肥料中养分多为有机态或缓效态，不能被作物直接吸收利用。只有分解转化成速效态才能被作物吸收利用。所以未发酵直接施用使肥效减慢。

（6）污染环境。养殖场采用直接施用方式消纳粪便，在农作物施肥高峰时粪便还可处理掉；施肥淡季，粪便无人问津，只好任凭堆积，风吹雨淋，肥效流失，污染环境。

（7）运输不便。未经处理直接使用，粪便体积大，有效性低，运输不便，使用不方便。

为了防止畜禽粪便引起的环境问题，提高施肥效果，要求粪便必须处理后才允许施入农田。随着人们环保意识的增强，和施肥规范的完善，应强制要求畜禽粪便必须腐熟后才能施用。

二、现代堆肥发酵

（一）堆肥发酵原理

在我国源远流长的传统农业中，土地“用养结合、地力常新”的观念一直指导着我国农业生产。我国自古以农立国，具有悠久的堆、积、造、沤有机肥的历史和制肥工艺，有机肥料对促进农业生产、保持农业的可持续发展发挥了巨大的作用。长期以来，积造施用有机肥料主要采用传统方法，方法不科学、手段不先进，最后形成的有机肥料科技含量低，使得有机肥料一直存在着“三低三大”的问题，即有效养分低，体积大；劳动效率低，强度大；无公害程度低，污染大。随着市场经济的发展，传统的做法越来越不适应形势发展的要求，成为制约有机肥料发展和推广的“瓶颈”。人们开始忽视积造农家肥，重视化学肥料，造成了有机养分投入比例明显下降。

我国是人口多、资源相对较少的国家，大部分有机物料没有得到充分利用。把数量巨大的有机物料加以利用，变废为宝，可以产生巨大的经济效益。如果按生产企业的成本效益分析，秸秆、畜禽粪便等加工后可增值40%~50%；按农业增产增收效益分析，高效商品有机肥可提高肥料养分利用率10%~15%，肥料投入产出比化学复合肥高20%左右。随着现代科学技术大规模、大范围在种植业、畜牧业生产中不断推广和应用，农牧业生产力大幅度提高，作物秸秆、畜禽粪便等有机肥料的资源量也随着增加，畜禽粪便量日益增多，它们既是宝贵的资源，又是潜在的污染源，如果处理不当很容易引起环境的恶化，而且也是一种资源浪费。因此，“无公害”处理和工厂化生产有机肥料成为解决禽畜粪便迫在眉睫的问题。特别是随着资源、环境等一系列问题对人类生存和发展的挑战，有机肥再度成为研究的热点，人们开始从更高的层次上认识有机肥的作用。

有机肥料是重要的肥料品种之一，有机肥料在农业可持续发展中将起到越来越重要的作用。现在的研究认为，在有氧气的情况下，堆肥物料中的一些可以利用的物质被其中的微生物分解后用于新陈代谢和繁殖，其中一部分有机物如长纤维分子等在分解的过程中会散发出大量的热量。有了这些热量，微生物可以更好地繁殖，又会产生出更多的热量。当把这些原料堆积到一定的空间中，则其中热量不易散失，堆体的温度会升高，温度上升后其中的微生物活动则会更加强烈，从而可以迅速分解畜禽粪便成为肥料。而当温度上升到一定高度后并保持一段足够的时间，就可以杀灭原料中的有害病原体，达到消毒的目的。但是如果对堆体不管不问，则时间长了以后，堆体中央就会缺失氧气，使得发酵成为缺氧状态，变成厌氧发酵。现在的研究表明，厌氧发酵不如耗氧发酵分解有机物彻底，还导致发生堆体的臭气增多，而且厌氧发酵所产生的温度也低于耗氧发酵，所以我们要定期地翻抛堆体，在使堆体的各个部位能够发酵完全的同时，还给堆体中央提供了氧气。这就是现代堆肥与过去农家肥的区别，在质量上远高于农家肥。

耗氧堆肥是在有氧条件下，耗氧细菌对废物进行吸收、氧化、分解。微生物通过自身的生命活动，把一部分被吸收的有机物氧化成简单的无机物，同时释放出可供微生物生长活动所需的能量，而另一部分有机物则被合成新的细胞质，使微生物不断生长繁殖，产生出更多的生物。在有机物生化降解的同时，伴有热量产生，这些热能不会全部散发到环境中，就必然造成堆肥物料的温度升高，这样就会使一些不耐高温的微生物死亡，耐高温的细菌快速繁殖。生态动力学表明，耗氧分解中发挥主要作用的是菌体硕大、性能活泼的嗜热细菌群。该菌群在大量氧分子存在下将有机物氧化分解，同时释放出大量的能量。因此好氧堆肥过程应伴随着两次升温，可将其分成三个阶段：起始阶段、高温阶段和熟化阶段。起始阶段：不耐高温的细菌分解有机物中易降解的碳水化合物、脂肪等，同时放出热量使温度上升，温度可达15~40℃。在此时期活跃的微生物包括真菌、细菌和放线菌。分解的有机物主要有糖类和淀粉类等。在此阶段除了活跃的微生物以外，还包含螨、千足虫、线虫、线蚁等对有机废物的分解。还有一些高级消费者以真菌、真菌孢子和细菌为食等。高温阶段：耐高温微生物迅速繁殖，在有氧条件下，大部分较难降解有机物继续被氧化分解，同时放出大量热能，使温度上升至60~70℃。在此阶段半纤维素、纤维素等难分解的有机物开始被强烈分解，同时开始形成腐殖质。堆肥中残留的和新形成的可溶性的有机物质继续被氧化分解。在堆温50℃左右时，堆料中最活跃的微生物主要是嗜热性真菌和放线菌；当温度上升到60℃左右时，嗜热放线菌和细菌比较活跃，而真菌几乎停止活动；当温度上升到70℃时，大多数微生物大批死亡或者休眠。当有机物基本降解完，嗜热菌因缺乏养料而停止生长，产热随之停止，堆肥的温度逐渐下降，当温度稳定在40℃，堆肥基本达到稳定，腐殖质不断增多并且更加稳定。堆肥进入熟化阶段：冷却后的堆肥，一些新的微生物借助残余有机物（包括死后的细菌残体）而生长，需氧量大大减少，含水率也降低，堆肥过程最终完成。

（二）现代堆肥发酵关键技术

1. 微生物菌剂

堆肥化是微生物作用于废物的生物降解过程，微生物是堆肥过程的主体。堆肥中的微生物一方面来源于畜禽粪便中固有的大量的微生物种群；另一方面来源于人为加入的特殊的微生物菌种。人为接种微生物培养剂对堆肥进程及堆肥产物的质量历来众说纷纭。在畜禽粪便中原就有大量的微生物，若不添加另外的菌剂这些原料经过微生物的处理也会慢慢堆置成有机肥。有研究表明人为添加了发酵菌剂可以明显缩短有机肥的堆制时间，提高有机肥的质量，而且添加一些好的菌剂在生产出的有机肥中会产生大量的有益微生物，对土壤的改良等方面有更好的作用。这些功能是普通的农家肥所不能比及的。目前认为接种微生物的作用包括：提高堆肥初期微生物的群体，增强微生物的降解活性、缩短达到高温期的时间、接种分解有机物质能力强的微生物。接种高效发酵微生物，不仅能大大缩短堆肥处理时间，而且也有利于堆肥养分的保持，有些微生物还能起到治理堆肥污染物的作用。所以高效的堆肥菌剂对堆肥生产、科研有着很重要的意义。

目前市场上常用的是 EM 菌剂。该菌剂是由日本教授比嘉照夫发明的，由光合菌、乳酸菌、酵母菌、放线菌、醋酸杆菌等 5 科 10 属 80 多种有益微生物组成。采用适当的比例和独特的发酵工艺，把经过仔细筛选出来的好气性和嫌气性有益微生物混合培养，形成多种多样的微生物群落。在生长中产生的有益物质及其分泌物质成为各自或相互生长的基质（食物），正是通过这样一种共生增殖关系，组成了复杂而稳定的微生态系统，形成功能多样的强大而又独特的优势，使微生物、动物机体与外界环境保持平衡，使机体处于最佳状态。

由于畜禽种类和饲养模式差异大，使得畜禽粪便的成分异常复杂。例如，猪粪的质地比较细，成分复杂，含有较多的氨化微生物，容易分解，而且形成的腐殖质较多。牛粪通常被称为“冷性肥料”，其质地细密，成分与猪粪相似，牛粪中含水量高，通气性差，分解缓慢，发酵温度低，肥效迟缓。鸡粪养分含量高，在堆肥过程中易发热，氮素易挥发等。由于各畜禽粪便的成分、特点的差异，势必在堆肥发酵过程中需要不同的分解微生物。

2. 堆肥设备

堆肥设备是实现现代堆肥机械化生产的关键，对于生产出符合相应的卫生指标和环境指标的堆肥产品至关重要，对于控制堆肥产品的质量意义重大。目前市场上有成套的现代堆肥设备，大致包括计量设备、进料供料设备、预处理设备、发酵设备、后处理设备及其他辅助处理设备。这些设备共同的特点是以工艺要求为出发点，使发酵设备具有改善和促进微生物新陈代谢的功能，在发酵的同时解决自动进料和自动出料的难题，最终缩短发酵周期、提高发酵效率和堆肥的生产效率，实现堆肥规模化生产。

（1）预处理设备。通常计量设备、粉碎设备、混合设备、进料供料设备、分选设备等都被包括在预处理设备中。这些设备在整个堆肥流程的最前端，通过配合预处理工艺，首先可以提高堆肥物料中有机物的比例，分离出诸如玻璃、石块、金属等不可堆腐之物，用于其他回收处理；其次，可以为发酵设备提供合适的物料颗粒，进而调整微生物新陈代谢速度，提高堆肥厂的生产效率。最后，可以调节堆料的含水率和C/N比，使堆肥物料符合堆肥工艺的要求。

（2）发酵设备。发酵设备是堆肥微生物和堆肥物料进行生化反应的反应器装置，是整个堆肥系统的核心和主要组成部分。发酵设备通过翻堆、供氧、搅拌、混合和通风等设备来控制物料的温度和含水率，进而改善和创造促进微生物新陈代谢的环境。市场上的发酵设备商品种类繁多，大致可分为堆肥发酵塔、卧式堆肥发酵滚筒、筒仓式堆肥发酵仓和箱式堆肥发酵池等。

利用畜禽粪便生产有机肥的方法也有很多，主要有箱式堆肥、槽式堆肥、静态垛堆等许多方式。箱式堆肥是在固定容积的箱、盆中堆肥，产量小，产品质量不高，适合家庭利用厨余废料少量生产种花的肥料。静态垛堆产品的发酵不均匀，产品质量难以保证。现在目前研究得比较多的就是槽式条垛堆肥，该方法生产量大，产品质量均匀。槽式条垛堆肥是建立发酵槽，在发酵槽内通过翻堆机根据工艺要求进行翻堆供氧。

翻抛机是发酵设备中的核心。堆肥翻抛的主要作用是控制堆肥过程中的温度，挥发水分，混合增氧，以满足好氧发酵对氧含量的要求，促进畜禽粪便快速、高效地发酵。翻抛机的使用可以起到省时省力的生产效果，是提高堆肥效率和堆肥产品质量的重要措施。目前，我国堆肥翻抛机已有多种产品，槽式翻抛机是畜禽粪便堆肥的主要机型，特点是占地空间小、生产效率较高。但也存在简单仿制国外机型、运行耗能大、翻堆不彻底等问题。翻抛机的创新研制需要明确翻抛机运行原理，在此基础上力求降低投资成本和运行能耗，添加自动控制手段，实现一机多用等。目前已经研制出可以集翻堆、增氧、加湿多功能于一体的翻堆机，不仅翻堆彻底、能耗小，并且集成于自动控制系统中，可以根据工艺要求实现自动翻堆、增氧和加湿。

（3）后处理设备。堆肥物料经过一次发酵和二次发酵后成为熟化的物料。尽管前面的工艺和设备设计严密、功能强大，但依然难以避免后期的物料中有残余的玻璃碴、小石子、碎塑料等杂质。为了提高堆肥产品的质量、精化堆肥产品，设置后处理工艺十分必要。后处理设备主要包括精分选设备、烘干设备、造粒精化设备和包装设备等。经过后处理设备的加工，堆肥产品可以运往市场销售给农户，施于农田、林地、果园、菜园、景观绿地等用于土壤改良剂或者有机肥料。也可以根据市场需求和生产要求，在后处理的过程中添加氮、磷、钾等营养元素后制成有机-无机复混肥、作物专用有机肥等产品。

（4）其他辅助设备。辅助设备还包括用来完成物料在设备间的运输与传动，以及对堆肥过程中产生的二次污染物处理的设备。

堆肥厂内物料的运输与传动形式很多，关键在于根据工艺要求的合理选择，这是确保工艺流程顺利实施的保证。堆肥厂的运输和传动装置主要用于堆肥厂内物料的提升与搬运，完成新鲜物料、中间物料、堆肥成品和二次废物残渣的搬运等。

堆肥厂的顺利运营需要满足作业环境和周围环境各项规定的要求，这必然要求在工艺设计过程中采取有效的措施防止臭气、粉尘、噪声、振动、水污染等二次污染的发生。堆肥过程中会产生大量臭气，这是堆肥厂面对的头等二次污染问题。臭气物质主要是氨、硫化氢、甲硫醇、甲胺等。对此，堆肥工艺设计过程中需要考虑到堆肥过程控制臭味物质逸出、建立臭味收集和处理系统。常用的方法：一是在堆肥过程中向物料中添加具有除臭功能的微生物，能将臭味物质在逸出堆料之前进行降解利用；二是安装除臭设备，对逸出的臭味物质进行收集和进一步处理。目前，国内外废气处理装置，一般采用流体洗涤床、喷雾塔等。这些设备均是采用水浴洗涤、喷淋的基本原理，为了较充分的洗涤，增加废气与水的接触时间，要减慢气体流速，因此在处理较大流量的废气时，其设备的体积要相应增大，异味脱除剂配置系统更加复杂，同时带来了能源消耗大、运行费用高的问题。北京农学院农林废弃物资源化利用团队发明了一种新型的湍旋式废气处理装置。该装置主要由 pH 仪、排污口、进气口、初级处理段、湍旋变速器、强化处理段、气体脱水段、排气口等几部分组成，它还包括各处理阶段的异味脱除剂供给系统。从发酵室排出的废气，由进气口进入装置的初级处理段，由于进气口的切线导向作用，废气在初级处理段内与液状异味脱除剂供给系统喷出的异味脱除剂发生碰撞，充分混合，反应后产生的固体在离心力的作用下，沉降到排污口排出。初级净化后的气体经湍旋变速器进入强化处理段，在湍旋变速器的作用下，气体高速旋转湍流状升进强化处理段。在强化处理段上部喷出的异味脱除剂发生激烈碰撞，使气、液两相充分混合，相互作用，异味脱除剂与有机、无机硫化物、氨等带有异味的气体发生反应，产生微量的中性固体颗粒，在离心力及重力的作用下，沿装置内壁留下，经排污口排出。净化后的气体进入脱水处理段，在导流器的作用下，气体将水分脱掉，净化后的气体经排气口排放。该装置结构合理、工艺简单、体积小、能处理较大流量的废气、耗能低、运行费用低、净化效率高、使用寿命长。适用于畜禽粪便等有机物发酵过程中产生的带有异味的气体排放的净化工程。

现代堆肥生产中，工艺设计越来越趋向于自动化和智能化。与上述预处理设备、发酵设备和后处理设备相配套，将各种设备技术集成进行统一控制的自动控制系统和设备，近年来备受堆肥厂青睐。

自动控制系统由控制台、数据采集器、电器控制柜、检测设备和调控设备五部分组成的一个闭环控制系统。控制台是监控系统的核心，是人机对话的窗口。控制台由一台PC机和专用软件构成，完成对现场各种参数数据的显示、存储和分析，并能按照预定的生产工艺曲线向调控设备发出调控动作指令。数据采集器：是控制台连接电器控制柜和检测设备的通信枢纽、神经中枢，它将控制台、电器控制柜和检测设备连成一个整体，完成数据的上传和指令的下达。电器控制柜：将控制台的动作指令转换成调控设备的动作信号，控制相应的调控设备动作。检测设备：由温度、湿度和气体传感器组成，实时监测现场的各种参数，并通过数据采集器上传给控制台。调控设备：根据电器控制柜的控制信号，分别完成堆料翻抛、加氧、通风、加湿、加热等动作，实现现场环境参数的最优化。

（三）堆肥工艺

1. 影响堆肥的因素

影响堆肥的因素很多，要想得到优质的肥料，就必须对一些因素进行人为控制，并找到最合适的参数组合。

（1）辅料。添加辅料的目的是为了调节堆体的C/N、水分和孔隙度等。通常选择的辅料应该是干燥、吸水能力强、能够起支撑作用的廉价材料。如何惠霞等利用稻壳粉为调理剂，调节含水量。徐瑨等人研究表明，利用细小的秸秆作为调理剂，有利于加快堆肥进程，提高堆肥效率。A. M. Torkashvand等用尿素调节C/N，来发酵甘蔗渣等有机废弃物，得到了很好的效果。

（2）水分。在堆肥化过程中，水分是一个重要的因素。堆肥的起始含水率一般为50%~60%。最低不低于40%。水分过低，堆肥环境不适合微生物生长；水分过高，则堵塞堆料中的空隙，影响氧气进入而导致厌氧发酵，减慢降解速度，延长堆腐时间。

（3）通风。通风可以用来控制堆肥过程中的温度和氧含量，因此，通风被认为是堆肥系统中最重要的因素。通风量过大，带走大量水分和能量，降低堆体温度；通风量不足，不能满足好氧微生物生存需要。大部分研究者认为堆体中的氧含量保持在5%~15%比较适宜。

（4）pH值。在堆肥化过程中，pH值是一个重要的因素。微生物生长繁殖需要一定的酸碱度，一般细菌适合中性环境，放线菌适应偏碱性环境，酵母菌和霉菌适于在偏酸环境中生长，因此，找到合适的pH值环境，对堆肥有着重要的意义。如果所用菌株pH值环境相似，那么两株菌株共同作用的机会就会很大。一般来讲，pH值在6~9之间都可以进行堆肥化。但有研究发现，在堆肥初期堆体的pH值降低，低的pH值有时会严重地抑制堆肥化反应的进行。

（5）C/N。碳源是微生物利用的能源，氮源是微生物的营养物质。堆肥化操作的一个关键因素是堆料中的C/N比，其值一般在20~30比较适宜。在堆肥过程中，碳源被消耗，转化成二氧化碳和腐殖质物质，而氮则以氨气的形式散失，或变为硝酸盐和亚硝酸盐，或是由生物体同化吸收。研究表明，堆料起始C/N比对堆肥N素损失影响很大，C/N比与NH_3挥发量有极显著的负相关。

（6）微生物。微生物是堆肥过程的主要影响因子。在堆体中加入微生物能起到去除堆体臭味，缩短堆肥时间，提高堆肥质量的作用。研究表明，单一的细菌、真菌、放线菌群体，无论其活性有多高，在加快堆肥化进程中都比不上多种微生物群体的共同作用。在堆肥中所用的微生物菌剂，是适用于无害化作用的有益微生物优良菌株（包括芽孢杆菌、放线菌、乳酸菌、丝状真菌和光合菌等多种微生物），应用优化微生物生态学技术培养微生物形成的微生物菌剂。

在好氧堆肥过程中，微生物的活动、演替比较复杂，根据堆肥过程中的温度变化，可将其分为三个阶段。即包括好氧微生物在分解有机物过程中释放热量而造成温度不断上升的升温阶段；纤维素和半纤维素等难分解物质被利用的高温阶段以及对较难分解有机物做进一步降解的降温阶段，同时微生物种群也发生相应的变化。这三个阶段由于环境不同，其作用的菌群也有所不同。细菌是中温阶段的主要作用菌群，对发酵升温起主要作用，主要包括一些中温细菌，也会有些中温真菌。放线菌是高温阶段的主要作用菌群，主要是一些嗜热菌群。芽孢杆菌、链霉菌、小多孢菌和高温放线菌是堆肥过程中的优势种。

堆肥中利用的微生物目前主要来源于两个方面：一是从各类有机废物中筛选出的固有的微生物种群，二是人工加入的特殊菌种。李鸣雷等（2007）从麦草与鸡粪好氧堆肥中分离出两种优势真菌，应用于堆肥中，能够有助于堆肥温度的快速提高并延长了堆肥的高温期，促进了堆料的矿质化水平。刘克锋等（2003）利用从猪粪中筛选出来的菌种进行室内发酵菌剂筛选试验，找到了 3 种对促进猪粪、城市垃圾腐熟有利的菌剂。朴仁哲等（2005）用 VIP-土壤有机腐熟剂（菌种为商品名，采集延边地区山林树叶中的微生物，经韩国有机农业公司委托韩国生物科学院分离并重组而成），对鸡粪接种，结果表明，细菌和放线菌是堆肥过程中的主要作用菌群，VIP-土壤有机腐熟剂的接入也可有效改善鸡粪堆肥中的微生物群落变化。EM 菌是比较成熟的堆肥菌剂，EM 菌是日本琉球大学农学部的比嘉照夫教授在 20 世纪 70 年代开发研制的，是英文 Effective Microorganisms 的缩写，可译成有益微生物群。袁芳等（2005）对 EM 的有效微生物组成进行了分类鉴定，得出了 EM 有效微生物的主要菌种为光合细菌、乳酸菌、酵母菌和乙酸菌。

2. 现代堆肥工艺程序

传统的堆肥技术通常露天堆积，堆料内部处于厌氧环境，这种发酵方法占地大、时间长、而且发酵不彻底。现代堆肥工艺通常采用好氧堆肥工艺，其基本堆肥流程包括前处理、一次发酵、二次发酵、后处理和贮藏等工序。

(1) 前处理。前处理的主要任务是调整水分和 C/N 比。前处理的工作还包含粉碎、分选和筛分等工序。这些工序可以去除粗大的玻璃、石头、塑料布等粗大垃圾和不能堆肥的垃圾，并通过粉碎使堆肥原料的含水率达到一定程度的均匀化，同时在堆肥过程中保持一定的孔隙。使原料的表面积增加，便于微生物定植和活动，从而提高发酵的效率。在此阶段降低水分、增加透气性和调整 C/N 比的主要措施是添加有机调理剂和膨胀剂。例如加入堆肥腐熟物，调节起始物料的含水率，或者添加锯末、秸秆、稻壳、枯枝落叶、花生壳、褐煤、沸石等。

尽管对于人为添加微生物菌剂对堆肥的作用尚有争议，但是在前处理阶段添加一定量的微生物菌剂有利于堆肥进程的展开。在堆肥初期添加接种剂能够提高堆肥初期微生物的群体，增强微生物的降解活性，达到促进堆肥腐熟、缩短堆肥周期的目的。在堆肥初期添加合适的固氮菌有利于减少堆肥过程中氮素的损失，提高堆肥产品的养分含量。

在前处理时期接种营养调节剂，例如糖、蛋白质、氯化亚铁、硝酸钾、磷酸镁等物质，能够为堆肥中的微生物繁殖提供易于利用的营养物质，从而增加堆肥开始时的微生物活性，加快堆肥的腐熟进程。

针对畜禽粪便产生臭味和堆料中重金属、抗生素、雌激素污染物残留等问题，建立有机肥好氧发酵臭气处理工艺和消除特征污染物的工艺技术体系十分必要。这些工艺技术与上述畜禽粪污处理设备和专用微生物菌剂进行有机组合和升级优化，进一步形成适于牛粪、猪粪、羊粪、鸡粪和鸭粪 5 大类主要畜禽粪便的处理技术体系，用于安全优质有机肥产品的加工和生产。

随着我国规模化畜禽养殖业的快速发展，源于饲料重金属添加剂和兽药残留污染的畜禽粪便大量产生。据统计，我国每年使用的微量元素添加剂为 15 万～18 万吨，有 10 万吨左右未被动物利用而随禽畜粪便排出，集约化畜禽养殖场的畜禽粪便已成为一些污染物的富集库。由于大部分商品有机肥中的重金属含量远远高于土壤背景值，长期大量施用会导致重金属元素在土壤中的累积，最终影响食品安全，而且还存在进入食物链最终危害人体健康的安全隐患。人们对重金属元素通过饲料添加—禽畜吸收—禽畜排泄—施入土壤—作物吸收这种途径，进入人类食物链而影响人类健康的危害性日益受到重视。此外大量的劣质、富集重金属和兽药抗生素、激素类污染物的有机肥在农田中推广施用，将会对生态环境、土壤质量、农产品安全和人类自身生存造成严重的后果。因此现代堆肥工艺在预处理阶段应该添加重金属钝化剂、激素类和抗生素类强氧化剂等，对堆肥中的重金属进行钝化，并对堆肥中的兽药抗生素类物质和激素类物质进行彻底降解，从而保证堆肥产品的安全，可以用于当前绿色食品和有机食品的生产。

（2）一次发酵。一次发酵又称为主发酵。现代堆肥中通常将堆料置于发酵池（装置）内，通过翻堆或者强制通风向堆料中供应氧气。堆料在嗜温菌的作用下开始新陈代谢，首先将易分解的物质分解为二氧化碳和水，同时产生热量，使堆温上升。在温度上升到 45～65℃时，嗜热菌取代嗜温菌。此时要注意避免温度过高。在温度过高时通过翻堆通风的方式进行调整。在保持高温一段时间后，堆料中的各种病原菌被高温杀灭，堆肥温度逐渐下降。一次发酵通常维持 4～12 天，是从堆肥至温度升到最高再开始下降的那段时间，即包括起始阶段和高温阶段。

（3）二次发酵。二次发酵又称为后发酵。此阶段接着上述一次发酵的产物继续进行分解。将一次发酵阶段未分解和分解不彻底的有机物进一步分解转化为腐植酸、氨基酸等比较稳定的有机物，实现堆肥产品的完全腐熟。此阶段时间较长，通常在20~30天。

（4）后处理。对于经过一次发酵和二次发酵的堆肥产物，已经成为粗有机肥产品，可以直接用于农田、果园、菜园等；也可经过进一步的精选，制成精有机肥产品，或者根据市场需求和生产要求，添加氮磷钾等制成有机-无机复合肥，做成袋装产品，用于种植业、林业生产之中。

三、基于畜禽粪便肥料化利用的农业循环模式

在我国源远流长的传统农业中，土地“用养结合、地力常新”的观念一直指导着我国农业生产。我国自古以农立国，具有悠久的堆、积、造、沤有机肥的历史和制肥工艺，有机肥料对促进农业生产、保持农业的可持续发展发挥了巨大的作用。现代有机肥料生产趋向规模化、商品化生产，能克服传统有机肥料诸多缺点。商品有机肥料的优势在于它能扬长避短、取优补缺，增产、增收效果好，而且原料丰富，产品科技含量不断提高，在农业生产中越来越受到广大农民的欢迎。

以现代堆肥发酵技术为中心的种—养—加模式的核心是：种植业的作物秸秆与养殖业的畜禽粪便在一定的工艺和设备条件下，经过生物发酵处理，生产出高品质的有机肥，将有机肥再用于种植业生产，将物质和能量在种植业与养殖业之间形成循环。该模式可以农业龙头企业为主体，也可以家庭农场、专业合作社等新型农业经济体为主体；加工生产的有机肥品种可以是常规的有机肥、生物有机肥、有机-无机复合肥等。

案例一：北京市延庆旧县镇“玉米—奶牛—有机肥”模式

延庆是京郊农业大县，为国家级二级水资源保护区和生态

示范县，是国务院绿色食品办公室批准的绿色食品基地。延庆不仅是京郊农业大县，同时也是养牛大县。由于奶牛业被称为“节粮型”畜牧业，在农村经济发展中占有重要地位。而延庆自然资源丰富，生产潜力大，适宜发展奶牛生产，特别是年播种玉米近2万公顷，年生产玉米和秸秆各1.5亿千克，能有效地解决奶牛饲料问题，且无污染，水质、气候优良，非常适合建设绿色奶牛基地。因此目前延庆县已经成为国家的优势奶牛带之一，发展奶牛业符合北京市农业产业结构布局。目前在延庆旧县镇、沈家营镇养牛达2万余头，当地养牛业迅速发展，为当地农民带来了较好的经济与社会效益。但同时每年产生的10万吨牛粪却给当地生活和生态环境带来了极大的压力。大量粪便堆积导致河面黑化、河水富营养化，水质下降，养殖空气污染严重等。不仅污染了当地养殖环境，还污染了延庆水源涵养区、母亲河，既影响了延庆的生态环境，也影响了首都北京的生态环境。同时由于牛粪中含有植物生长所需的营养物质，因此养殖废弃物的抛弃还浪费了牛粪中所蕴藏的宝贵资源和能源。如何解决大量牛粪对环境和水源涵养区的污染问题，促进当地养殖业与种植业循环发展，已经成为亟待解决的限制当地农业发展的因素。

当地养牛农户直接入股成立了专业合作社，由于农户共同参与养牛业的经营，在成立之初，极大地调动了农户的生产积极性，形成了一个风险共担、利益共享的合作体。然而随着养牛产业规模的扩大，养牛合作社成员之间，仅仅在养殖业这个环节上发展合作，渐渐凸显出极大的局限性。由于养殖业是当地大农业的一个环节，而如何延长养殖业链条，增强养殖业与其他农业类别的有机链接，成为限制当地养殖产业发展和合作社农民扩大致富空间的重要因素。

通过建立牛粪堆肥生产优质有机肥示范工厂，并将生产的优质有机肥用于当地农业生产进行示范，引导了当地养牛合作社由单纯的养牛合作的联合，转向种植和养殖合作的联合。例如当地养牛户产生的牛粪，通过有机肥厂生产出优质有机肥，而这些优质有机肥通过回购或者代加工的方式返给种植户，种植户利用有机肥种植有机玉米、有机五彩甘薯等，不仅提高了有机农业的经济效益，并且这些有机作物的秸秆等在收获后又用于当地养牛产业，生产出有机牛奶。而吃有机饲料的牛，其粪便又进一步用于有机肥生产，并使用到有机作物上，如此循环，使得有机种植与有机养殖之间形成了有效的生态循环和链接。项目的实施带动了当地养牛合作社由单一的松散型联合逐渐向综合性产业链接的生态型联合发展，建立了依托合作社开展肥料经营与服务的有效模式，促进了当地种养业与养殖业的有效结合。

案例二：北京市延庆大地聚龙蚯蚓养殖专业合作社“牛—蚯蚓—作物—牛”生产模式

本模式是在传统的“牛—作物—牛”生产模式基础上，巧妙地在食物链上增加了蚯蚓吃牛粪的环节。牛吃作物秸秆，排出的牛粪用来饲养蚯蚓，蚯蚓粪作为肥料供给作物生长发育，作物秸秆再喂牛。该食物链改善了物质循环的途径和能量的利用效率，取得了良好的经济效益。目前除将蚯蚓粪开发为有机肥以外，还在研究将蚯蚓粪开发为园艺栽培基质、代替草炭的课题。

第二节　畜禽粪便饲料化利用技术及农业循环模式

一、畜禽粪便饲料化利用概述

近年来，随着畜禽养殖业的快速发展，商品饲料的需求量大增。我国在饲料生产与供应方面，每年需要进口大量的饲料原料用于饲料生产。因此开发新的蛋白饲料日益受到商家和科学家的重视。

（一）畜禽粪便的营养成分

畜禽粪便不仅是优质的有机肥料，包含农作物所需的氮、磷、钾等多种营养成分，还含有大量可替代饲料的营养成分。通过检测发现：畜禽粪便中的粗蛋白含量比较丰富，例如耕牛粪中粗蛋白含量为 5%～8%，奶牛粪中粗蛋白含量为 10%～14%，鸡粪中为 18%～23%，猪粪中为 15%～18%，而玉米中的粗蛋白含量为 8%～10%（周望平，2008）。因此大多数种类的畜禽粪便，其中的粗蛋白含量与畜禽所采食的饲料中的粗蛋白含量相当，甚至是达到其 2 倍。此外畜禽粪便中还含有丰富的氨基酸，大约 17 种，占畜禽粪便总量的 8%～10%，并且其中的精氨酸、蛋氨酸和胱氨酸含量是玉米所不及的。畜禽粪便中还含有粗脂肪、磷、钙、镁、钠、铁、铜、锰、锌等多种营养物质。因此开发畜禽粪便为饲料，不仅是畜禽粪便资源化处理的一种重要途径，还可缓解畜禽养殖的饲料缺口。

畜禽粪便的营养价值随畜禽的种类、畜禽日粮成分、饲养管理条件的不同而异。畜禽种类是决定粪便营养价值的最关键因素。例如鸡由于消化道短，消化吸收能力低，一般只能吸收所喂饲料的 30%，其余都随粪便排泄出去。因此鸡粪中含有多种营养成分，也是最常见的用来做饲料的粪便种类。猪粪的营养价值略低于鸡粪，牛粪的营养价值比猪粪要低。然而利用畜禽粪便制备的饲料，虽然营养价值较高，但是营养并不全面，还需要配合其他饲料进行混合饲养。例如鸡粪饲料非蛋白氮含量高，所以饲喂牛、羊等草食动物时利用价值更高。还可以在使用时适当添加土霉素、食盐、小苏打、熟石膏等饲用添加剂，效果更佳。

（二）畜禽粪便作为饲料的安全性

研究结果一致认为，粪便中所含有的氮素、矿物质和纤维素等，能够代替饲料中的营养成分。当时由于畜禽粪便饲料化利用的经济效益不十分明显，并且美国一度担心畜禽粪便中所携带的病原菌对于畜禽健康养殖造成威胁，因此 1967 年美国限制使用畜禽粪便做饲料。

研究结果认为：畜禽粪便经过适当处理，作为养殖业饲料是安全的。

畜禽粪便中含有大量的细菌、病毒等病原微生物、真菌毒素、寄生虫等，可能还存在杀虫剂、抗生素、重金属、激素等有害物质残留，因此在将畜禽粪便作为饲料应用之前，需要对畜禽粪便进行无害化处理，禁用治疗期的畜禽粪便，以保证再生饲料的安全性和适口性。

二、畜禽粪便饲料化处理主要方法

畜禽粪便饲料化处理的方法包括以下几种。

（一）新鲜粪便直接作饲料

新鲜粪便用作家畜饲料，简便易行。将鲜兔粪按照 3∶1 代替麸皮拌料喂猪，平均每增重 1 千克活重节省 0.96 千克饲料，且猪的增重、屠宰率和品质与对照组没有差异。

鸡粪尤其适于该种方法。由于鸡的消化道短，食物从吃入到排出约 4 小时，所食饲料的 70%左右的营养物质未被消化而直接排出。在排出的鸡粪中按照干物质计算，粗蛋白含量为 20%~30%，氨基酸含量与玉米等谷物相当甚至还高，富含微量元素等。因此可以利用鸡粪代替部分精料来饲喂猪、牛等家畜。正如前面所述，鸡粪做饲料的安全性问题不容忽视。鸡粪中含有吲哚、脂类、尿素，其中还有病原微生物、寄生虫等，由于其复杂的成分组成，鸡粪在家畜饲料时容易造成畜禽间交叉感染或传染病暴发。因此在使用之前，可以用福尔马林溶液（含甲醛的质量分数为 37%）等化学药剂进行喷洒搅拌，24 小时后其中的吲哚、脂类、尿素、病原微生物等就可以被去除。

也可以用接种米曲霉和白地酶，再用瓮灶蒸锅杀菌达到去除有害物质和病原微生物的目的。

（二）青贮

该方法简单易行，效果好，使用较为普遍。具体的做法是：将新鲜禽粪与其他饲草、糠麸、玉米粉等混合，调节混合物的含水率为40%左右，装入塑料袋或者其他容器内压实，在密闭条件下进行贮藏，经过20~40天即可使用。该方法处理过的饲料能够杀死粪便中的病原微生物、寄生虫等，尤其适于在血吸虫病流行的地区使用。处理过的饲料还具有特殊的酸香味道，可以提高饲料的适口性。

（三）干燥法

该方法主要是利用高温，使畜禽粪便中迅速失水。该方法处理效率高效，且设备简单，投资少。经过处理的粪便干燥后，不仅能更好地保存其中的营养物质，且微生物数量大大减少，无臭气，也便于运输和贮存，满足卫生防疫和商品饲料的生产要求。常用的技术有自然干燥、高温快速干燥和烘干等。

1. 自然干燥

将畜禽粪便除去杂物后，粉碎、过筛，置于露天干燥地方，经过日光照射后可作为饲料用。此方法具有投入成本低、操作简单的优点。由于该方法占地面积大，受天气影响大，如果碰上连续阴雨，粪便难以及时晒干。另外，干燥时处于开放的空间，会有臭味产生，氨挥发严重，干燥时间越长，养分损失越多，产品的养分含量降低。此外，也存在病原微生物、杂草种子和寄生虫卵等消灭不彻底的问题。如果有棚膜条件的，可以先将粪便进行初步脱水后，再在棚内晾晒，效果较好。

2. 高温快速干燥

该方法是采用燃煤、电力等产能对粪便进行人工干燥。该方法不仅需要消耗能源，还需要基本的设备投入——干燥机。

目前常用的干燥机大多为回旋式滚筒干燥机。例如鲜鸡粪的含水率通常为70%~75%，经过滚筒干燥，受到500~550℃甚至更高温度的作用，鸡粪中的水分可以降低到18%以下。该方法的优点是干燥速度快、不受天气影响，适合批量处理，同时可以快速达到去臭、消灭病原微生物、寄生虫卵、杂草种子有害气体和有害生物的目的。但是该方法一次性投资较大，煤电等耗能高，在干燥时处理恶臭的气体耗水量大，特别是在处理产物再遇水时极易产生更加恶臭的气味。该方法应用比较广泛。

3. 烘干膨化干燥

该方法是利用热效应和喷放机械处理畜禽粪便，达到既除臭又消灭病原微生物、寄生虫卵和杂草种子的目的。该方法适于批量处理畜禽粪便，但也存在一次性投资大、能耗高等问题。在夏季批量处理鸡粪时，仍然有臭气产生，需要较高的成本再进行除臭。该方法应用比较广泛。

4. 机械脱水

该方法是利用物理压榨或者离心的方式加速畜禽粪便的脱水，可以批量处理畜禽粪便。但是也存在一次性投入高，能耗高，仅能脱水而无法解决臭气污染问题。该方法应用较少。

（四）发酵法

1. 普通发酵法

该方法主要是利用畜禽粪便中原有的微生物在合适的条件下进行新陈代谢，在产生热量的同时，消灭粪便中的病原微生物、寄生虫卵和杂草种子等。

以鸡粪为例：将玉米粉、棉粕或菜粕按照 1∶1 的比例，其中添加 0.5%的食盐，搅拌均匀制成混合料。根据鲜鸡粪的含水率加入预制的混合料，调整物料用手紧握能成团，轻触即散的状态。然后堆置成高 0.6 米，宽 1.0 米的梯形堆，长度根据空间而定，没有限制。堆积时让物料保持自然松散的状态，不可踩压。在堆积完成后，表面覆盖草帘、秸秆等透气保温材料。堆料中本有的微生物开始分解其中的有机物，同时产热，维持堆体的温度55~65℃就可以灭绝绝大多数病原微生物和寄生虫卵，并将鸡粪中的非蛋白氮转化为菌体蛋白，同时产生B族维生素、抗生素及酶类等有益成分。一般堆积36小时后即进行一次翻堆，期间如果堆体温度下降，则说明堆体中的氧气耗尽，需要及时进行翻堆增氧。翻堆后2~3天可将发酵料在日光下暴晒干燥，干燥后的鸡粪发酵料粉碎，去除其中的鸡毛等杂质，即可装袋用于家畜饲喂。用该方法生产的鸡粪饲料具有清香味，适口性很好。

在发酵前，也可在发酵料中添加适量的能量饲料，或者遮挡鸡粪不良气味的香味剂，如水果香型、谷香型等，以增强适口性。或者为了弥补鸡粪中粗蛋白可利用能值较低，与玉米粉等能量饲料混合，调整能氮比，用于促进瘤胃微生物群落发育，增强牛羊等反刍家畜对鸡粪饲料的适应性。也可考虑将发酵产物制成颗粒型饲料，方便运输、贮藏和食用。

2. 两段发酵法

两段发酵法是在新鲜鸡粪中添加外源微生物，通过好氧发酵与厌氧发酵相结合的方法制备饲料。具体的制作技术如下：

将新鲜的鸡粪进行去杂，去除鸡毛、塑料等不适于发酵的杂物。然后按照32.5%的鲜鸡粪、40%木薯粉或米糠、15%麸皮、10%玉米面、2%食盐的比例，并加入0.5%已激活的活性多酶糖化菌进行充分搅拌。调节混合物料的含水率达到60%左右，即以手握物料指缝中见水而不滴下为宜。然后用塑料布覆盖堆料，保持在28~37℃进行好氧发酵，发酵12小时后翻堆，继续好氧发酵24小时。然后将堆料装入水泥池中或者足够大的容器中，层层压实，在堆体上面覆盖一层塑料布，并用细沙等覆盖，确保不透气。继续进行厌氧发酵，期间会产生挥发性脂肪酸和乳酸等有机酸性物质，能显著抑制白痢杆菌等肠道病菌的繁殖，提高食用畜禽的抗病性。经过 10～15 天后，即可制成无菌、营养丰富、颜色金黄、散发苹果香味的饲料。制成的饲料还可以通过自然晾晒或者机械烘干的方式进一步脱水加工制成颗粒饲料。

3. 微发酵法

此方法适合于鸡粪饲料化。具体方法如下：

（1）准备微贮设施和原料。如果鸡场规模在 100 只以上，可以选择离鸡舍较近、地势高燥、向阳、排水良好的地方，挖土窖或者建水泥池作为微贮窖。鸡场规模在 100 只以下，也可以不建微贮窖，直接用 2 个大水缸进行微贮。

根据鸡粪的量，按照每 1 000千克鸡粪，添加食盐 2 千克、尿素 3 千克、草粉（木薯粉或者米糠等）250 千克的比例准备原料。同时准备 10 克鸡粪发酵培养基和适量塑料膜。

（2）微贮鸡粪饲料的制备。选用新鲜无污染的鸡粪，首先去除其中的鸡毛、塑料等不能发酵的杂物。再准备适量的水，依次将食盐、尿素、相应的鸡粪发酵培养基溶解于水中，制备成培养基溶液。然后将配置好的培养基溶液和草粉分别加入到鸡粪中，边搅拌边加水，使其混合均匀，并随时检查混合料的含水率，调整其含水率达到 60%左右。现场检验的标准是以手握物料指缝中见水而不滴下为宜。然后将建造的微贮窖的底部铺上一层塑料布（如用水缸可直接装入物料），将物料分层放入，每层装入 20～40 厘米，踏实压紧，排出空气。物料装至略高于窖口或者与缸口平齐，上面覆盖一层塑料布进行密封，再在上面覆盖黄土或者沙土 50 厘米左右，彻底密封。之后经常检查，确保密封良好，并防水渗漏等。经过 7～15 天即可完成发酵过程，可用于饲喂。

4. 现代发酵法

随着畜禽养殖规模化、集约化程度提高，畜禽粪便的产量大增，以上发酵方法不适于大规模处理，可以利用翻堆机进行规模化好氧发酵。发酵过的畜禽粪便产物应用灵活，既可以用于饲料，也可以用作肥料，还可以用于水产饲料的添加剂。该方法在宁波市应用效果很好。

（五）分解法

该方法是利用畜禽粪便饲养蝇、蛆、蚯蚓、蜗牛等动物，再将动物粉碎加工成粉状或浆状，用以饲喂畜禽。蝇、蛆、蚯蚓、蜗牛等动物将畜禽粪便中的有机物转化成自身的生长发育，这些动物体内含有丰富的蛋白，都是很好的动物性蛋白质饲料，且品质很高。

1. 蝇蛆饲养与利用

蝇蛆具有丰富的营养成分，据测定干蝇蛆粉中含有粗蛋白 59%~65%、脂肪 12%、氨基酸总量为 43.83%，再加上苍蝇的繁殖能力惊人，利用畜禽粪便饲养蝇蛆，既处理了畜禽粪便，又生产出了批量高品质的动物性蛋白饲料，经济效益很高。

据戴洪刚等介绍，采取集约型规模化生产设施，通过工程技术手段，实行紧密衔接的操作工序，集中供给蝇蛆滋生物质，连续生产大量蝇蛆蛋白。该方法采用两道车间工序，包括种蝇饲养和育蛆，组成一体化生产程序。种蝇严格采用笼养，商品蛆批量产出，批量收集处理。

（1）种蝇饲养。该程序包括蝇种羽化管理、产卵蝇饲养、蛆种收获与定量、种蝇更新制种等工序。

饲养种蝇的房间要求空气流通、新鲜，温度保持在 24~30℃，相对湿度在 50%~70%，每日光照能保证 10 小时以上。种蝇采用笼养，目的是让雌蝇集中产卵。

蝇笼是长、宽、高各为 0.5 米的正方形笼子，通常利用粗铁丝或竹木条等做成。蝇笼的外面用塑料纱网罩上，并在其中一面留一个直径 20 厘米的圆孔，孔口缝接一个布筒，平时扎紧，使用时将手从布筒伸入圆孔内便于操作。

笼架上主体放三层蝇笼。每笼养种蝇 1 万~1.5 万只。首批种蝇可以购买引进无菌蝇或自行对野生蝇进行培育。将蛆育成蛹或将挖来的蛹经灭菌后挑选个大饱满者放进种笼内待其羽化即成无菌蝇种。笼内放水盘供种蝇饮水，需要每日换水。笼内放食盘，每日供应新鲜的由无菌蛆浆、红糖、酵母、防腐剂和水调成的营养食料。需要准备产卵缸和羽化缸。产卵缸内装有兑水的麸皮和引诱剂混合物，用来引诱雌蝇集中产卵。需要每日将料与卵移入幼虫培育盒内后更换新料。羽化缸是专供苍蝇换代时放入即将羽化的种蛹。

（2）种蝇淘汰。实现全进全出养殖法。即将 20 日龄的种蝇全部处死，然后加工成蝇粉备用，蝇笼经消毒处理后再用于培育下一批新种蝇。

（3）蛆的养殖。需要建立专门的育蛆房，要求温度保持在 26~35℃，湿度保持在 65%~70%，室内设有育蛆架、育蛆盆、温湿度计及加温设施等。由于幼虫怕光，因此育蛆房内不需要光照。育蛆盆内实现装入 5~8 厘米厚的以畜禽粪便为主的混合食料，湿度 65%~75%。然后按照每千克食料放入 1 克蝇卵的比例，经过 8~12 小时卵即可孵化成蛆，通常每千克猪粪可以育蛆 0.5 千克。

经过 5 天蛆即可养育成熟，除留种须化成蛹以外，其余的蛆可以采用“强光筛网法”或者“缺氧法”，引导蛆与食料自行分开，然后全部收集起来经烤干加工成蛆粉即为饲料，可以替代鱼粉配制混合饲料。

（4）选留蛹种。蛆化成蛹后用筛网将其与食料分离，然后挑选个大饱满者留种，放入蝇笼的羽化缸内，待其羽化即完成种蝇的换代。暂时不用的蛹也可以放入冰箱内保存，可存放 15 天。

2. 蚯蚓培养和利用

蚯蚓养殖有基料和饲料之分，蚯蚓养殖的成功与否，饲养基制作的好坏至关重要。饲养基是蚯蚓养殖的物质基础和技术关键，蚯蚓繁殖的快慢，很大程度上取决于饲养基的质量。

（1）基料。蚯蚓在基料中栖身、取食，因此基料是蚯蚓生活的基础，要求发酵腐熟、适口性好，具有细、烂、软，无酸臭、氨气等刺激性异味，营养丰富、易消化的特点。合格的饲养基料松散不板结，干湿度适中，无白蘑菇菌丝等。

基料的具体制作方法是：

将畜禽粪便和各种植物的秸秆杂草、树叶或者草料等按照3：2的比例进行混合。其中畜禽粪便的种类可以是新鲜的猪粪、牛粪等种类，但是鸡粪、鸭粪、羊粪、兔粪等适合做氮素饲料的粪便不宜单独使用，且以不超过粪便总量的1/4为宜。植物秸秆杂草或者草料等需要进行预处理，切成10~15厘米为宜。干粪或工业废渣等块状物应大致拍散成小块。堆制时，先铺一层20厘米厚的草料，再铺一层10厘米厚的粪料，如此草料与粪料交替铺6~8层，堆体大约达到1米高，堆体的长度和宽度随空间而定，无特殊限制。堆料时要保持料堆松散，不能压得太实。料堆制成后慢慢从堆顶喷水，直至堆体四周有水流出。用稀泥封好或者用塑料布覆盖。通常料堆在堆制的第2天即开始升温，4~5天即可上升至60℃以上，10天后进行翻堆。翻堆时将草料与粪料混合拌匀，将上层翻到下层，将四周的翻到中间。同时检验堆料的干湿程度，如果堆料中有白色菌丝长出，则说明物料偏干，需要及时补水。翻堆结束后重新用稀泥或者塑料布封好。再过10天进行第二次翻堆，与上次翻堆操作相同。如此经过1个月的堆制发酵即制成适于蚯蚓养殖的基料。

基料在发酵制作过程中主要经历了以下三个阶段。

前熟期：该时期也称为糖料分解期。基料堆制好喷水，在3~4天内，堆料中的碳水化合物、糖类、氨基酸等可以被高温微生物分解利用，待温度上升至60℃以上，大约经过10天，温度开始下降，至此完成前熟期。

纤维素分解期：在前熟期结束后进行第一次翻堆，在翻堆的同时检验堆料的含水量，调整水分在60%~70%，重新制堆后，纤维素分解菌即开始分解纤维素，此过程完成需要10天，之后进行第二次翻堆。

后熟期：在第二次翻堆时，随时检验、调整堆料的含水量，使堆料水分保持在60%~70%，重新制成堆体，即开始对前期难降解的木质素进一步分解，此时期发挥作用的主要是真菌。此时期木质素被分解，发酵物料呈现黑褐色细片状。在此时期，堆料中的其他微生物群落也出现特有的演替，各种微生物交替出现死亡，微生物逐渐减少，死亡的微生物遗体残留在物料中成为蚯蚓的好饲料。至此基料的制作过程完成，可进行品质鉴定和试投。

良好的基料需要完全腐熟。腐熟的标准是：基料呈现黑褐色、无臭味、质地松软、不黏滞，pH值在5.5~7.5。基料试投时应该先做小区试验，其中投放20~30条蚯蚓为宜，1天之后观察蚯蚓是否正常。如果蚯蚓未出现异常反应，则说明基料发酵成功。如果蚯蚓出现死亡、逃跑、身体肿胀、萎缩等现象，则说明基料发酵不成功，需要进一步查明原因或重新发酵。如果实际操作中，没有时间安排重新发酵，可以在蚯蚓床的基料上先铺一层菜园土或山林土等腐殖质丰富的肥沃土壤，作为缓冲带。先将蚯蚓投放到缓冲带中，等蚯蚓能够适应后，且观察到大多数蚯蚓进入下层基料时，再将缓冲带撤去。

（2）饲料。在制作蚯蚓基料时，用到的植物茎叶、秸秆，以及能直接饲喂蚯蚓的烂瓜果、洗鱼水、鱼内脏等甜、腥味的材料，猪粪、鸡粪、牛粪等各种畜禽粪便都是饲养蚯蚓的好饲料。在配制饲料时，需要注意饲料的蛋白质含量不宜过高，否则饲料会因较多的蛋白质分解而产生恶臭气味，口感不好，影响蚯蚓采食，进而影响蚯蚓生长和繁殖。饲料的配置比例与基料相同：其中畜禽粪便的种类可以是新鲜的猪粪、牛粪等各个种类，但是鸡粪、鸭粪、羊粪、兔粪等氮素饲料不宜单独使用，且以不超过粪便总量的1/4为宜。

三、基于畜禽粪便饲料化利用的农业循环模式

案例一：牛—鸡—猪—鱼生态模式

该模式是牛、鸡、猪和鱼综合饲养的生态模式，即利用牛粪喂鸡，鸡粪喂猪，猪粪喂鱼。

牛粪喂鸡：将一头牛全天的粪便收集起来，加入15千克糠麸、2.5千克小麦粉、3.5千克酒糟与适量水搅拌均匀后装入塑料袋或者大缸中，密封使其发酵。一般夏季发酵1~3天，春秋季发酵5~7天，冬季发酵10~15天。取发酵好的牛粪，加入鸡饲料35千克，搅拌均匀喂鸡。

鸡粪喂猪：用以上的方法，将鸡粪中添加糠麸、小麦粉、酒糟各2.5千克，混合发酵后加入猪饲料25千克，青饲料15千克，搅拌均匀后喂猪。

猪粪喂鱼：猪粪可以直接堆积发酵7~15天，倒入鱼塘饲喂，可降低饵料量30%~50%。

案例二：鸡—猪—蝇蛆—鸡生态模式

该生态模式是采用鸡粪喂猪、猪粪喂蝇蛆、蝇蛆喂鸡，剩余鸡粪和猪粪施入农田循环利用。该模式在河北蓟县应用，产生了良好的经济效益和生态效益。

第三节 畜禽养殖生物发酵床养殖技术

一、技术原理

发酵床养殖技术是综合利用微生物学、营养学、生态学、发酵工程学、热力学原理、以活性功能微生物作为物质能量“转换中枢”的一种生态环保养殖方式。其技术核心在于利用活性微生物复合菌群，长期、持续、稳定地将动物粪尿完全降解为优质有机肥和能量。实现养猪无排放、无污染、无臭气，彻底解决规模养猪场的环境污染问题的一种养殖方式。发酵床养猪技术是一种无污染、零排放的有机农业技术，是利用我们周围自然环境的生物资源，即采集本地土壤中的多种有益微生物，通过对这些微生物进行培养、扩繁，形成有相当活力的微生物菌种，再按一定比例将微生物菌种、锯木屑以及一定量的辅助材料和活性剂混合、发酵形成有机垫料。在经过特殊设计的猪舍里，填入上述有机垫料，再将仔猪放入猪舍。猪从小到大都生活在这种有机垫料上面，猪的排泄物被有机垫料里的微生物迅速降解、消化，不再需要对猪的排泄物进行人工清理，达到零排放，生产出有机猪肉，同时达到减少对环境污染的目的。

发酵床养猪技术的原理是运用土壤里自然生长的、被称为土壤微生物，迅速降解、消化猪的排泄物。生产者能够很容易地采集到土壤微生物，并进行培养、繁殖和广泛运用。发酵床养猪技术可以很好地解决现代养猪遇到的难题，达到养猪无污染的目的。一是减轻对环境的污染。采用发酵床养猪技术后，由于有机垫料里含有相当活性的土壤微生物，能够迅速有效地降解、消化猪的排泄物，不再需要对猪粪尿采用清扫排放，也不会形成大量的冲圈污水，从而没有任何废弃物排出养猪场，真正达到养猪零排放的目的。猪舍里不会臭气冲天和苍蝇滋生。二是改善猪舍环境、提高猪肉品质。发酵床结合特殊猪舍，使猪舍通风透气、阳光普照、温湿度均适合于猪的生长，再加上运动量的增加，猪能够健康地生长发育，几乎没有猪病发生，也不再使用抗生素、抗菌性药物，提高了猪肉品质，生产出真正意义上的有机猪肉。三是变废为宝、提高饲料利用率。在发酵制作有机垫料时，需按一定比例将锯木屑等加入，通过土壤微生物的发酵，这些配料部分转化为猪的饲料。同时，由于猪健康地生长发育，饲料的转化率提高，一般可以节省饲料20%~30%。四是节工省本、提高效益。由于发酵床养猪技术有不需要用水冲猪舍、不需要每天清除猪粪；生猪体内无寄生虫、无须治病；采用自动给食、自动饮水技术等众多优势，达到了省工节本的目的。一个人可饲养500~1 000头壮猪，100~200头母猪，可节水90%，每头猪节省水费6元，节约用工3元，节约驱虫药费1元左右，在规模养猪场应用这项技术，经济效益十分明显。

二、发酵床猪舍的建造

（一）猪舍建设

新建猪场猪舍布局应根据地形确定，一般采用单排式或双排式。猪舍建设应坐北朝南，两栋猪舍间的间距不小于10米，猪舍跨度一般为6.5~12米，檐高不小于2.4米，猪舍长度为30~60屋顶可设计成单坡式、双坡式等形式，屋顶应采用遮光、隔热、防水材料制作，并设置天窗或通气窗（孔）；南北墙设置窗户，或用保温隔热材料制作卷帘，北墙底部应设置通气孔。

猪栏一般采用单列式，过道位于北侧，宽约1.2米；靠走道的一侧设置不少于0.2平方米/头或不小于1.2米宽的水泥饲喂台（又称休息台，约占栏舍面积的20%），食槽安装于水泥饲喂台上；发酵床上方应设置喷淋加湿装置；饮水器设在食槽对面南侧，距床面 0.3~0.4 米，下设集水槽或地漏；水泥饲喂台旁侧建设发酵床，发酵床底一般用水泥硬化，发酵床深度为 0.5~0.8 米。地势高燥的地方采用地下式发酵床，地势平坦的地方采用地上式或半地上式发酵床。

双坡单列式发酵床猪舍剖面图参见图 4-1，单坡单列式发酵床猪舍剖面图参见图 4-2，双坡双列式发酵床猪舍剖面图参见图 4-3。

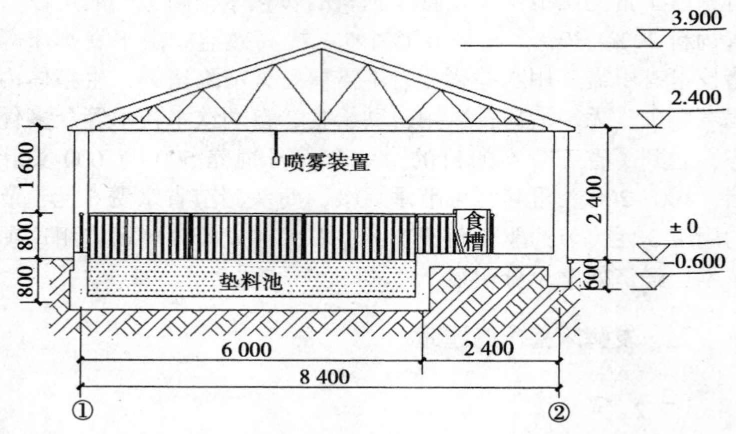

图 4-1　双坡单列式发酵床猪舍剖面图（单位：厘米）

（二）发酵床种类

发酵床又称垫料池，一般在整栋猪舍中相互贯通，深度为 0.5~1.0 米，池壁四周使用砖墙，内部水泥粉面，池底一般应做硬化处理。

1. 按发酵床与地面相对高度不同分类

按发酵床与地面相对高度不同，发酵床分为地上式、地下坑式、半地上式。

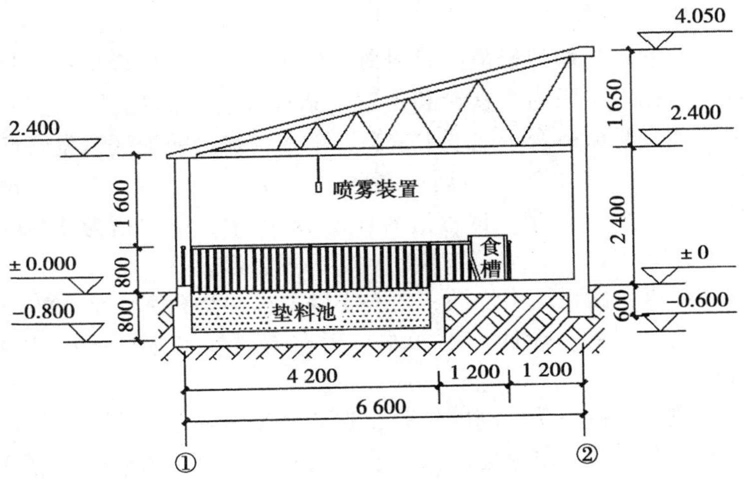

图 4-2　单坡单列式发酵床猪舍剖面图（单位：厘米）

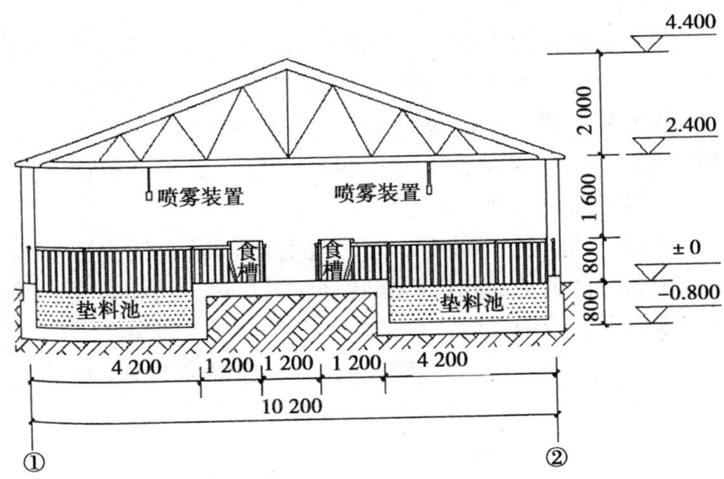

图 4-3　双坡双列式发酵床猪舍剖面图（单位：厘米）

（1）地上式

发酵床地面与猪舍地面同高，样式与传统猪栏舍接近，猪栏三面砌墙一面为采食台和走道，猪栏安装金属栏杆及栏门。地上式发酵床适合于地下水位高，雨水易渗透的地区，发酵床深度为0.6~0.8米。金属栏高度：公猪栏为1.1~1.2米，母猪栏为1.0~1.1米，保育猪为0.6~0.65米、中大猪为0.90~1.0米。

优点：猪栏高出地面，雨水不容易溅到垫料上；地面水不会流到垫料中，床底面不积水；猪栏通风效果好；垫料进出方便。

缺点：猪舍整体高度较高，造价相对高些，猪转群不便；由于饲喂料台高出地面，饲喂不便；发酵床四周的垫料发酵受环境影响较大。

（2）地下坑式

在猪舍地面向下挖一定的深度形成发酵床，即发酵床在地面以下，不同类型猪栏地面下挖深度不一样，发酵床深度为0.6~0.8米。地下坑式发酵床适合于地下水位低，雨水不易渗透的地区，有利保温，发酵效果好。猪栏安装金属栏杆及栏门，金属栏高度与地上式相同。

优点：猪舍整体高度较低，地上建筑成本低，造价相对低；床面与猪舍地面同高，猪转群、人员进出猪栏方便；采食台与地面平，投喂饲料方便。

缺点：雨水容易溅到垫料上；垫料进出不方便；整体通风比地面槽式差；地下水位高，床底面易积水。

（3）半地上式

发酵床部分在地面以上部分在地面以下，发酵床向地面下挖0.3~0.4米深，即介于地上式与地下坑式之间，具有地上式和地下坑式两者之优点。

2. 按发酵床地面是否硬化分类

按发酵床地面是否硬化，发酵床分为硬化地面发酵床、非硬化地面发酵床（图 4-4、图 4-5）。

图 4-4　某猪场的标准化发酵床

图 4-5　某养猪场建成使用中的标准化发酵床猪舍

（1）硬化地面发酵床

发酵床地面硬化有多种类型，如水泥整体硬化、水泥块硬化、红砖硬化、三合土硬化等。该类型发酵床因地面硬化造价较高、经久耐用，地面易积水而影响微生物活性，因此硬化地面发酵床要做好排水设计，或采取水泥块、红砖平铺不勾缝硬化。

(2) 非硬化地面发酵床

发酵床地面不进行硬化，只将发酵床地面整平，用素土夯实地面。该类型发酵床造价较低，因水渗透到地下而床面不积水，但要求发酵床较深。

(三) 旧猪舍改建发酵床

发酵床养猪可以在原建猪舍的基础上加以改造，一般要求原猪舍坐北朝南，采光充分、通风良好，南北可以敞开，通常每间猪栏面积改造成 20~25 平方米，可饲养大猪 15~20 头，猪舍檐高 2.8 米以上。

旧猪舍改造，一般采用半地上式和地上式发酵床。一是在原猪舍内下挖 0.3~0.4 米，往地下挖土要选择离墙体 6~10 厘米的地方开挖，坑壁挖成 45°斜坡，以免影响墙体安全，再砌 0.3~0.4 米高采食台和猪栏隔墙形成半地上式发酵床。二是如果旧猪舍檐高在 3.3 米以上，原水泥地面结实，可改造成地上式发酵床。在猪舍北面预留 1.2 米宽走道后建采食平台并安装食槽，南侧安装自动饮水器并将饮水器洒落的水引流到发酵床外。

三、工艺流程

(一) 菌种选择

1. 自制菌种

(1) 土著微生物采集与原种制作

① 土著微生物的采集：在当地山上落叶聚集较多的山谷中采集。把做得稍微有一点硬的大米饭 (1~1.5 千克)，装入

用杉木板做的小箱（25 厘米×20 厘米×10 厘米）约 1/3 处，上面盖上宣纸，用线绳系好口，将其埋在当地山上落叶聚集较多的山谷中。为防止野生动物糟蹋，木箱最好罩上铁丝网。夏季经 4~5 天，春秋经 6~7 天，周边的土著微生物潜入到米饭中，形成白色菌落。把变成稀软状态的米饭取回后装入坛子里，然后掺入原材料量 1/2 左右的红糖，将其混合均匀（数量是坛子的 1/3），盖上宣纸，用线绳系好口，放置在温度 18℃左右的地方。放置 7 天左右，就会变成液体状态，饭粒多少会有些残留，但不碍事。这就是土著微生物原液。

水田土著微生物采集方法。秋天，在刚收割后的稻茬上有白色液体溢出。把装好米饭并盖宣纸的木箱倒扣在稻茬上，这样稻茬穿透宣纸接触米饭，很容易采集到稻草菌。约 7 天后，木箱的米饭变成粉红色稀泥状态，同方法①，米饭与红糖以 2∶1 比例拌匀装坛子、盖宣纸、系绳。5~7 天后内容物变成原液。在稻茬上采取的土著微生物，对低温冷害有抵抗力，用于猪舍、鸡舍，效果很好。

② 原种制作方法：把采集的土著微生物原液稀释 500 倍与麦麸或米糠混拌，再加入 500 倍的植物营养液、生鱼氨基酸、乳酸菌等，调整水分至 65%~70%。装在能通气的口袋或水果筐中或堆积在地面上，厚度为 30 厘米左右为宜，在室温 18℃时发酵 2~3 天后，就可以看到米糠上形成的白色菌丝，此时堆积物内温度可达到 50℃左右，应每天翻 1~2 次，如此经过 5~7 天，形成疏松白色的土著微生物原种。

在柞树叶、松树叶丛中，采集白色菌落，直接制作原种，具体方法是：将采集来的富叶土菌丝 0.5 千克与米饭 1 千克拌匀，调整水分至 90%，放置 24 小时（温度 20℃），此时，富叶土菌丝扩散到米饭上，再将其与麦麸或米糠 30~50 千克拌匀（水分要求 65%~70%），为了提高原种质量，最好用通气的水果筐，这样不翻堆也可做出较好的原种。

③ 菌种的保存：制作好的菌种经过7~8天的培养后，即可装袋放在阴凉的房间里备用，一般要求3~6个月使用完，最好现配现用。

(2) 自制培养微生物菌种的原种制作方法

以充分腐熟、聚集了土著微生物的畜禽粪便为原料，通过添加新鲜的碳源，如：糖蜜、淀粉等，其他营养如酵母提取物、蛋白胨、植物提取物、奶粉等，按原料：水为1：（10~15）的比例，在室温下（20~37℃）培养3~10天，进行扩繁制作原种，然后通过普通纱布过滤，将过滤液作为接种剂，接种量为0.5~1.0千克/平方米，用喷雾或泼洒的方式接种于发酵床的垫料上，并与表层（0~15厘米）垫料充分混合，以达到促进粪便快速降解的目的。

① 腐熟堆肥原料的采集：就近找一堆肥厂，或自己堆制，堆肥所用原料为畜禽粪便，经至少7天以上高温期，35天以上腐熟期，将充分腐熟的堆肥晒干，敲碎，备用。

② 微生物培养：将所采集的腐熟堆肥，放入塑料、木制或陶瓷等防漏的容器中，按原料的重量，加入新鲜碳源（15%）与其他营养物质（0.05%~1.0%），再加入1：10的水分，搅拌混合，在室温下培养5~10天，培养过程中，每天用木棒搅拌3次以上，以补充氧，培养结束后，用干净的纱布进行过滤，过滤液作为接种剂。

③ 接种：用喷雾器或水壶将接种剂均匀地喷洒于发酵床的垫料表面，接种量为0.5~1.0千克/平方米，然后用铁耙或木耙将0~15厘米垫料的表层混匀，以后每间隔20天接种一次，如果发现猪舍中有异味或发现降解效果下降或在防疫用药后，均要增加接种次数与接种量。

④ 操作实例：

例1，有一鸡粪堆肥厂，采集经10天高温堆肥，二次发酵40天，并风干的样品20千克，将采集的样品敲碎，放入一水泥池中，加入 4 千克糖蜜、0.5 千克蛋白胨（或奶粉），然后加入 200 千克自来水，搅拌均匀，以后每天用木棒搅拌 3 次，每次 10 分钟，培养 5 天后，用一钢筛（孔径为 1 毫米）进行过滤，获得过滤液 150 千克，用水壶将过滤液均匀洒在近 200 平方米的发酵床垫料上，然后用木耙将垫料表面混匀即可。

例 2，从附近一猪粪堆肥厂，采集经 10 天高温堆肥，二次发酵 40 天，并风干的样品 5 千克，将采集的样品敲碎，放入一塑料桶中，加入 100 克山芋淀粉、50 克酵母膏（或奶粉），然后加入 50 千克自来水，搅拌均匀，用一渔用充氧器，每天充氧 3 次，每次充氧 1 小时，培养 3 天后，用干净纱布进行过滤，获得过滤液 30 千克，用水壶将过滤液均匀洒在近 30 平方米的发酵床垫料上，然后用木耙将垫料表面混匀即可。

2. 购买商品菌种

根据发酵床养猪技术的一般原理和土著微生物活性与地方区域相关的特点，对不适宜、不愿意自行采集制作土著微生物的养殖场户，应选择效果确实的正规单位生产的菌种。选购商品菌种时应注意以下几点：

（1）看菌种的使用效果

养殖户在选择商品菌种时，要多方了解，实地察看，选择在当地有试点、效果好、信誉好的单位提供的菌种。

（2）选择正规单位生产的菌种

应选择经过工商注册的正规单位生产的菌种。生产单位要有菌种生产许可证和产品批准文号及产品质量标准。一般正规单位提供的菌种，质量稳定，功能强、发酵速度快、性价比高。

（3）发酵菌种色味应纯正

商品菌种是经过一定程度纯化处理的多种微生物的复合

体，颜色应纯正，没有异味。

(4) 产品包装要规范

商品菌种应有使用说明书和相应的技术操作手册，包装规范，有单位名称、地址和联系电话。

(二) 垫料选择

垫料的功能：一是吸附生猪排泄的粪便和尿液。垫料是由木屑、稻壳、秸秆等组成的有机物料，有较大的表面积和孔隙度，具有很强的吸附能力；二是为粪便和尿液的生物分解转化提供介质与部分养分。垫料和生猪粪便中大量的土著微生物，在有氧条件下可以使粪便和尿液快速分解或转化，人工接种的有益微生物可以加速这一过程。

微生物生长繁殖受多种因素的影响，如碳氮比、pH 值、温度、湿度等。就猪粪尿而言，氮含量较高，碳氮比一般为(15~20)：1，而正常微生物生长最佳碳氮比为 30：1。发酵床的温度主要受发酵速度控制，而湿度除受排泄物本身含水率影响外，还要受到养殖过程的水供应及气候条件的影响。因此，微生物能否快速生长繁殖，取决于多种因素。

垫料的选择应该以垫料功能为指导，结合猪粪尿的养分特点，尽可能选择那些透气性好、吸附能力强、结构稳定，具有一定保水性和部分碳源供应的有机材料作为原料。如：木屑、秸秆段（粉）、稻壳、花生壳和草炭等。为了确保粪尿能及时分解，常选择其他一些原料作为辅助原料。

1. 原料的基本类型

垫料原料按照不同分类方式，可以分成不同的类型。如按照使用量划分，可以划分为主料和辅料。

(1) 主料：这类原料通常占到物料比例的 80%以上，由一种或几种原料构成。常用的主料有木屑、稻壳、秸秆粉、蘑菇渣、花生壳等。

（2）辅料：主要是用来调节物料水分、碳氮、碳/磷、pH值、通透性的一些原料。由一种或几种组成，通常不会超过总物料量的20%。常用的辅料有：腐熟猪粪、麦麸、米糠、饼粕、生石灰、过磷酸钙、磷矿粉、红糖或糖蜜等。

2. 原料选择的基本原则

垫料制作应该根据当地的资源状况来确定主料，然后根据主料的性质选取辅料。无论何种原料，其选用的原则：

（1）原料来源广泛、供应稳定。

（2）主料必须为高碳原料，且稳定，即不易被生物降解。

（3）主料水分不宜过高、应便于贮存。

（4）不得选用已经霉变的原料。

（5）成本或价格低廉。

3. 垫料配比

实际生产中，最常用的垫料原料组合是“锯末+稻壳”“锯末+玉米秸秆”“锯末+花生壳”“锯末+麦秸”等，其中垫料主原料主要包括碳氮比极高的木本植物碎片、木屑、锯末、树叶等，禾本科植物秸秆等。

（三）垫料制作

垫料制作的主要步骤包括：原料破碎或粉碎、原料配伍混合、调节水分、与物料混合、高温消毒与稳定化处理、晾晒风干、包装贮藏。

1. 原料破碎或粉碎

破碎可以粗一些，粒径控制在5~50毫米为宜。值得注意的是，对于树枝等木质性材料，除了破碎之外，应增加一道粉碎工序，以免粒径过粗对猪产生机械划伤。

2. 原料配伍混合

一般来说，发酵床垫料以采用多种材料的复合垫料为佳，因为复合垫料比单一的垫料具有更全面营养和更强的酸碱缓冲能力。原料的复合配伍应充分考虑碳氮比率、碳/磷比率、pH值及缓冲能力。复配后的混合物料的碳氮比率控制在（30～70）：1，碳/磷比率控制在（75～150）：1，pH值应该在5.5～9.0以内。破碎或粉碎的物料按照上述配伍原则计算好各种物料的重量，按比例掺混在一起。

3. 调节水分与物料混合

按最终物料含水率45%～55%的要求，在将掺混好的原料上喷洒水，水可以用洁净的天然水体如河道、水塘中的水，但应确定未遭病原菌或化工污染。边洒水边用人工或搅拌机搅拌均匀。

4. 高温消毒与稳定化处理

由于垫料来源广泛，物理性状差异性很大，不同垫料制作工艺也存在差异。主要有简单高温消毒法和堆积腐熟法两种。

（1）简单高温消毒法

对于一些易降解的成分较少，性质比较稳定的原料如木屑、稻壳、花生壳等，每吨物料添加尿素12千克、过磷酸钙5～10千克，调节水分至40%～45%，进行堆制，利用堆制过程中自然产生的高温杀死病原微生物，一般55℃高温维持3～4天即可，中途翻堆一次。消毒后的材料可以直接投入发酵槽中使用，也可以风干储存备用。此消毒法也可以在发酵床中完成，但必须在猪进栏前10～15天投料，以确保生猪入栏时物料温度已经下降，不会对猪的生长产生不利影响。

（2）堆积腐熟法

对于秸秆、蘑菇渣等易降解成分较高，稳定性较差的材料，则需要经过高温好氧堆积和二次堆积后熟处理，待物料性质基本稳定后，才能使用。第一次高温堆积55℃需维持3～4天，堆积时间7～10天。二次堆积时间控制在30天左右，中途翻堆一次。

5. 晾晒风干

经过 10 天左右的高温堆制，物料性状得到初步稳定，病原菌和虫卵被灭活，可以拆堆晾晒风干。若直接填入发酵床，水分控制在 35%～40%。若需贮藏，则应晾晒至水分 20%以下。

6. 包装贮藏

为方便运输和使用，风干备用的物料最好用废旧的化纤袋进行包装贮存，不要选用潮湿肮脏有霉变的包装袋包装。在以后使用过程中，如发现霉变，则应废弃不用。同时，贮藏时间不宜超过 3 个月。

（四）垫料质量

通过高温堆制的垫料是否符合发酵床养殖的要求，通常可以通过以下定量和定性的标准来判断。

1. 定量标准

（1）碳氮比率 40%～60%。

（2）粪大肠埃希菌数在 100 个/克以下。

（3）蛔虫卵死亡率在 98%以上。

（4）pH 值在 7.5 左右。

（5）物料粒径在 5～50 毫米。

2. 定性标准

（1）物料结构松散，手握物料松开后不粘手。

（2）垫料材料无恶臭或其他异味。

由于发酵床填入有大量经过发酵处理的有机垫料，有机垫料中本身含有大量的且生物活性较高的微生物，在发酵床养殖过程中，通常还人为接种生物菌剂以增加对粪便和尿液转化能力的有益微生物数量。因此，猪排出的粪便和尿液中的有机成分，在发酵床中微生物作用下，可以很快分解成为水和二氧化碳等简单物质，具有恶臭的氨气、硫化氢等也转变成无臭的硝酸盐、硫酸盐等，达到了猪粪尿等排泄物在养殖圈舍内原位降解的目的，减少了养殖过程中动物排泄物向外排放，而动物在发酵床上的活动对这一过程起到了加速作用。

四、发酵床垫料的日常管理

发酵床垫料操作及日常养护对于生猪排泄物原位降解及养殖环境质量有直接影响。发酵床垫料维护得当，生猪排泄物可迅速得到降解，恶臭成分得到转化，养殖床及硬化地面可保持相对清洁干爽，舍内无明显恶臭，空气质量良好。否则，发酵床分解能力差，床面和地面污秽潮湿，空气恶臭，养殖环境差，达不到经济环保健康养殖的目的。

（一）垫料的填充更换

新建发酵床、整体更换发酵床及部分更换发酵床垫料均需要进行垫料操作。

1. 充填空床

新建发酵床和整体更换发酵床垫料后，床内无垫料，需要对空床进行填充。填充前，先将通风用 PVC 管铺好，然后铺设通风层，该层离地面 20 厘米以内，垫料选用较粗的块状或条状材料，径或长度以 30~50 毫米为宜。在通风层上面铺设降解层，颗粒粒径或长度以 5~30 毫米为宜。降解层厚度依据不同养殖对象、地区、季节铺设厚度不一样，断奶仔猪 20~30 厘米，育成猪 30~40 厘米。北方地区可以厚一些，南方地区宜薄一些，冬季要厚一些，夏季要薄一些。

通风层的铺设十分重要，它可保证整个发酵床系统通过墙体的通风口与外界的空气流通，由于发酵床上面温度高，热空气比重轻，往上运动产生负压，促进室外低温冷空气通过通气口进入发酵床，形成自然通风，以保持发酵床良好的氧气供应，促进发酵床粪便的有氧分解。

2. 部分更换垫料

当降解层被动物粪尿饱和、颗粒粒径变细、压实造成通风不良，分解粪便能力显著下降后，需要及时更换新的垫料，一般1~2年一次。更换时，仅需取出降解层即可，出料过程尽可能不扰动通风层。待降解层出料完全后，对通风层进行疏松处理，必要时可以更换或补充部分通风层物料。

需要提醒的是，无论是充填空床还是更换部分垫料，都要注意观察通风口是否完整且保持畅通，否则需要对通风口进行必要处理和维护，以保证整个发酵床的良好通风。

（二）垫料的日常养护

1. 垫料水分管理

垫料水分处于动态变化中，其含量主要由散失、输入与生成三个过程的速率所决定。发酵床温度高，水分蒸发量很大，北方地区或高温季节尤甚。水分的输入包括动物产生的粪尿水分、饮食跑冒滴漏进入发酵床的水分以及人为喷洒药剂、接种等带进的水分。生成是指在发酵床降解粪尿及垫料有机物过程中，通过生化作用产生水分。正常情况下，养殖密度和空气湿度适当情况下，垫料的水分可以基本保持平衡，维持在45%左右的最佳水分状态。若水分过高，应该查找是否有饮用水渗漏的情况，如有应及时修补，还应增加人工翻动次数，以保持发酵床氧气供应。若水分过低，要及时进行加湿喷雾补水（图4-6）。

2. 疏粪管理

由于生猪有集中定点排泄粪尿的行为特点，自然状态下发酵床粪便分布不均匀，粪尿集中的地方湿度大，分解速度慢，只有将粪尿与垫料混合均匀，才能保证粪尿在较短的时间内彻

图 4-6　某养猪场发酵床猪舍夏天喷雾降温

底分解干净。通常保育猪可 2~3 天进行一次粪尿人工疏理，大中猪应该 1~2 天进行一次。夏季每天要进行粪便的掩埋，把新鲜的粪便掩埋到 20 厘米以下进行发酵，避免臭味、滋生蝇蛆。其余时间，通常 3 天进行一次疏粪管理。

3. 垫料通透性管理

由于动物踩踏、物料颗粒分解等因素的影响，使垫料颗粒细化和实密化，孔隙度下降，通透性整体呈下降的趋势，但如管理不当，更容易造成局部或整体通透性不良。不仅影响粪尿水分下渗，造成表面潮湿，也因通气不良，粪尿分解速率下降，还可能因湿度过大造成病原微生物的滋长。改善通气需要人工定期与不定期翻动，一般情况下保育猪翻动 10~20 厘米、育成猪翻动 20~30 厘米。但一批猪出栏后，需要彻底将降解层翻动一次，并保证上下物料混合均匀。

4. 菌剂的使用管理

在第一次进料时，按1.0千克/平方米接种自制的微生物接种剂或按其他商业菌剂使用说明的用量，均匀地喷洒在物料上，充分混匀后才进行垫料，以后当发酵床生物活性降低，出现异味或恶臭时，可以结合水分补给喷洒菌剂，喷洒菌剂后注意翻动表层物料以保证菌剂在垫料表层分布均匀。

5. 补充营养液

一般来说，发酵床中的土壤微生物具有较强的活性，只要垫料配方和猪的粪尿量适当，就可以保证微生物正常发酵所需要的营养。在发酵床垫料制作时需要快速启动或是日常运行中发酵不理想时，用红糖水作营养液适当泼洒，就可以促进土著微生物生长繁殖。

6. 垫料的补充和更新

因发酵床垫料的消耗，我们需要及时给予补充和更新。当按日常操作规程养护时，高温段向发酵床表面位移，或者发酵床持水能力减弱，从上往下水分含量逐步增加时就需更新发酵床垫料了，此时可以增加有机物含量，如锯末等加以混合或用部分发酵好的垫料进行更新。

7. 用药管理

发酵垫料上不得使用化学药品和抗生素类药物，因其对发酵微生物具有杀伤作用，会使微生物的活性降低，不利于微生物的正常繁殖活动。但垫料床以外和舍外环境可用消毒剂进行正常消毒，以抑制和杀灭垫料外部环境中有害菌的生长繁殖。

8. 出栏后垫料管理

猪出栏后垫料的堆积发酵十分重要。一批猪全部出栏后，要用小型挖掘机或铲车，亦可人工将垫料从底部彻底翻动一遍，并适当补充垫料和发酵菌种，重新混合发酵。发酵过程中，垫料温度可达到70℃，发酵时间10~15天。

（三）垫料的再生与堆肥

发酵床垫料有一定的使用周期，因垫料性质、饲养与管理方式的不同存在较大差异，较短的为数月，最长可达5年以上。一般来说，农作物秸秆类等易降解的材料使用寿命较短，草炭、果壳、树皮和木屑等难降解的材料使用寿命较长。养殖密度大、发酵床负荷重的垫料使用时间短，反之使用时间长。

发酵床垫料不能无限期使用的原因主要有两点：一是由于动物踩踏及微生物分解作用，造成物料的颗粒变细，有机物不断分解，有机成分含量降低，从而导致垫料的通透性和吸附性变差。二是长期使用后的垫料中积累大量由粪尿带来的盐分以及物质转化产生的盐分离子，如 Na^+、K^+、Ca^{2+}、Cl^-、NO_3^-、SO_4^{2-} 等，使用年限超过3年的垫料其盐分含量往往超过2%，盐分的升高对微生物活性产生抑制作用，过高的盐分导致发酵床的降解能力下降甚至丧失。

1. 垫料再生

在我国，优质的垫料资源如木屑等比较缺乏，垫料的再生和重复使用是发酵床养殖节本的重要措施。对于使用时间较短，吸附性能和微生物活性下降的发酵床垫料，可以经过再生处理后重新利用。操作方法是：从发酵床中取出垫料，在阳光下暴晒2~3天，通过高温和紫外线对垫料进行消毒处理。再用5毫米筛进行过筛，筛上部分为粗料，吸附的盐分相对较少，透气性良好，为再生垫料，返回发酵床重新使用。筛下部分，含盐分高，透气性差，不宜返回发酵床，但可以经过处理后做有机肥料使用。

2. 垫料堆肥

对于已经达到使用年限，没有再生必要的垫料以及在垫料再生过程中淘汰的部分，可以采用高温堆肥处理方式，对垫料进行高温杀菌消毒和腐熟，制成有机肥料，实现发酵床垫料的资源化利用。

堆肥方法：将垫料取出，调节垫料水分约为 65%，即手挤后出水，松手后能够散开的程度，调节水分后，将垫料堆成 1 米高、2 米宽，长度视堆肥地点与物料多少自行调节，用塑料布盖上，以防雨水及水分散失太快。春、夏、秋季，一般堆后的第 2 天即可升温至 45℃以上，经高温堆肥 1 周后，翻堆 1 次，如果水分不足，适当补充水分，然后再堆制，经过 2~3 周后，即可成为腐熟堆肥。

五、畜禽粪便能源化利用技术与农业循环模式

（一）畜禽粪便能源化概述

畜禽粪便转化成能源的途径主要有两条：一是直接燃烧，适于草原上的牛粪、马粪等；二是利用厌氧发酵为核心的沼气能源环保工程，适于现代规模化、集约化畜禽健康养殖中应用。

沼气法的原理是利用厌氧细菌的分解作用，将有机物（碳水化合物、蛋白质和脂肪）经过厌氧消化作用转化为沼气和二氧化碳。沼气法具有生物多功能性，既能够营造良好的生态环境，治理环境污染，又能够开发新能源，为农户提供优质无害的肥料，从而取得综合利用效益。沼气法在净化生态环境方面具有明显的优势：一是该技术将污水中的不溶有机物变为溶解性的有机物，实现了无害化生产，从而净化环境。二是利用该技术生产的沼气，能够实现多种用途应用。不仅可以用于燃烧产热，还可以用来发电，供居民日常生活。沼气还可以用于生产，如作为以汽油机或柴油机改装而成的沼气机的燃料，搞发电或农副产品加工；用于沼气制造厌氧环境，储粮灭虫、保鲜果蔬；用沼气升温育苗、孵化、烘干农副产品等。沼液、沼渣可以直接排入农田或者加工成液体、固体有机肥等，施于

农田、果园、林地等用来改善土壤结构，增加土壤有机质，促进作物、果、蔬、林的增产增收；也可经过加工用作饲料等。

随着在建的和已建成的大中型沼气工程数量不断上升，许多问题逐渐暴露出来：例如修建大型沼气池及其配套设备一次性投资巨大；产气稳定性受气候、季节的影响较大；工程运行时间长，耗水多，残留大量沼液，其中有机污染物、氨氮等浓度高，很难达标排放，造成二次污染。大中型沼气工程的运营管理出现新的问题，例如管理制度不完善、工作人员积极性不高、技术工艺出现各种损坏、导致产气不足；管理模式不合理、经济效益降低等问题，最终导致部分沼气工程的综合运行效率不高。

（二）畜禽粪便沼气化原理

沼气发酵的过程，实质上是畜禽粪便的各种有机物质不断被微生物分解代谢，微生物从中获取能量和物质，以满足自身生长繁殖，同时大部分物质转化为甲烷和二氧化碳。沼气发酵过程通常分为水解发酵阶段、产酸阶段和产甲烷阶段三个阶段。一般参与沼气发酵的微生物分为发酵水解性细菌、产氢产乙酸菌和甲烷菌三类。经过一系列复杂的生物化学反应，物料中约90%的有机物被转化为沼气，10%被沼气微生物用于自身消耗。

1. 畜禽粪便产沼过程

（1）水解发酵阶段

各种固体有机物通常不能直接进入微生物体内被微生物利用，必须在好氧和厌氧微生物分泌的胞外酶、表面酶（纤维素酶、蛋白酶、脂肪酶）作用下，将固体有机质水解成分子量较小的可溶性单糖、氨基酸、甘油、脂肪酸等，这些分子量较小的可溶性物质进入微生物细胞之内被进一步分解利用。

（2）产酸阶段

单糖、氨基酸、脂肪酸等各种可溶性物质在纤维素细菌、蛋白质细菌、脂肪细菌、果胶细菌胞内酶的作用下继续分解转化成低分子物质，诸如丁酸、丙酸、乙酸及醇、酮、醛等简单有机物质；同时也有部分氢、二氧化碳和氨等无机物释放出来。由于该阶段主要的产物是乙酸，大约占到70%以上，因此称为产酸阶段。参加这一阶段的细菌称为产酸菌。

（3）产甲烷阶段

产甲烷菌将上一阶段分解出来的乙酸等简单有机物分解成甲烷和二氧化碳，其中二氧化碳在氢气的作用下还原成甲烷。该阶段称为产气阶段或者产甲烷阶段。

上述三个阶段是相互依赖、相互制约的关系，三者之间保持动态平衡，才能维持发酵持续进行，沼气产量稳定。水解阶段和产酸阶段的速度过慢或者过快，都将影响产气阶段的正常进行。如果水解阶段和产酸阶段的速度过慢，则原料分解速度低，发酵周期延长，产气速率下降；如果水解阶段和产酸阶段速度太快，超过了产气阶段所需要的速度，就会导致大量酸积累，引起物料的 pH 值下降，出现酸化的现象，从而进一步抑制甲烷的产生。

2. 畜禽粪便产沼工艺

沼气发酵过程中由多种细菌群共同参与完成，这些细菌在沼气池中进行新陈代谢和生长繁殖过程中，需要一定的生活条件。只有为这些微生物创造适宜的生活条件，才能促使大量的微生物迅速繁殖，才能加快沼气池内有机物质的分解。此外，控制沼气池内发酵过程的正常运行也需要一定的条件。人工制取沼气必须具有发酵原料（有机物质）、沼气菌种、发酵浓度、酸碱度、严格的厌氧环境和适宜的温度。

（1）发酵原料

沼气发酵原料是产生沼气的物质基础，也是沼气发酵细菌赖以生存的养分来源。沼气发酵通常根据发酵原料干物质浓度不同，将厌氧发酵分为湿法厌氧发酵和干法厌氧发酵。湿法厌氧发酵的原料浓度一般在10%以下，原料呈液态。而干法厌氧发酵的原料浓度一般在17%以上，培养基呈固态，虽然含水丰富，但没有或有少量自由流动水。

目前国内普遍采用的畜禽粪便湿法厌氧发酵技术，在处理采用干清粪的牛场或鸡场粪便时，需要将畜禽粪便稀释到8%左右的浓度，消耗了大量的清洁水，发酵后的产物浓度低，脱水处理相当困难，以至发酵产物难以有效利用。

干法厌氧发酵能够在干物质浓度较高的情况下发酵产生沼气，节约了大量的水资源，处理后无沼液，沼渣可制成有机肥，基本上达到了零污染排放。该方法在德国、荷兰等国家和地区的运用已经取得成功。干法厌氧发酵是“气肥联产”生产模式，其特点是干（法）、大（批量）、连（续化生产）三个字。“干”（法）是相对于目前沼气的“湿法”发酵工艺而提出的，基本原理就是畜禽粪便在发酵前不用添加大量的水，而是在固态状态下装入密闭的容器中进行厌氧发酵。发酵过程不断产生的沼气被收集并储存在储气罐里，生产过程没有沼液产生，最后得到的沼渣便是固态的有机肥，可对其进一步加工形成优质有机肥。沼气和有机肥生产合成在一个流程里“一气呵成”，具有水资源消耗少、资源化利用程度高、基本做到零排放、有机肥熟化程度好等优点。“大”（批量）和“连”（续化生产）是干法气肥联产生产线的又一显著的特点，非常适合与大、中型养殖规模的养殖场配套建设，形成养殖→“三化”处理→种植→养殖良性循环的产业链。

（2）发酵原料的碳氮比（C/N）比

畜禽粪便中富含氮元素，这类原料经过动物肠胃系统的充分消化，一般颗粒细小、粪质细腻，其中含有大量未经消化的中间产物，含水量较高。因此在进行沼气发酵时可以直接利用，很容易分解产气，发酵时间短。

氮素是构成微生物躯体细胞质的重要原料，碳素不仅构成微生物细胞质，还负责为微生物提供生命活动的能量。发酵原料的碳氮比不同，沼气产生的质和量差异也比较大。从营养学和代谢作用的角度来看，沼气发酵细菌消耗碳的速度比消耗氮的速度要快 25～30 倍。因此，在其他条件都具备的情况下，碳氮比例为（25～30）：1 时可以满足微生物对氮素和碳素的消耗需求，因此原料的碳氮比值在该范围内可以保证顺利产气。人工制沼过程中需要对投入沼气池的各种发酵原料进行配比，以达到合适的碳氮比来保证产气稳定且持久。

（3）沼气菌种

通常参与沼气发酵的微生物分为发酵水解性细菌、产氢产乙酸菌和产甲烷菌三类，其中产甲烷菌是沼气发酵的核心菌群。此类细菌广泛存在于厌氧条件中富含有机物的地方，例如湖泊、沼泽、池塘底部、臭水沟污泥、积水粪坑、动物粪便及肠道、屠宰场、酿造厂、豆制品厂、副食品加工厂等阴沟中以及人工厌氧消化装置、沼气池等。

沼气发酵人工接种的目的在于：一方面可以加速启动厌氧发酵的过程，而后接入的微生物在新的条件下繁殖增生，不断富集，以保证大量产气。农村沼气池中一般加入接种物的量为投入物料量的 10%～30%。另一方面加入适量的菌种可以避免沼气池发酵初期产酸过多而抑制沼气产出。通常接种量大，沼气发生量大，沼气的质量也好；如果接种量不够，常常难以产气或者产气率较低，导致工程失败。

（4）严格的厌氧环境

沼气发酵需要一个严格的厌氧环境，厌氧分解菌和产甲烷菌的生长、发育、繁殖、代谢等生命活动都不需要氧气，环境存在少量的氧气就会抑制这些微生物的生命活动，甚至死亡。因此在修建沼气池时要确保严格密闭，这不仅是收集沼气、贮存沼气发酵原料的需要，也是保证沼气微生物正常生命活动、工程正常产气的需要。

(5) 适宜的发酵温度

发酵物料合适的温度能够保证沼气微生物快速生长繁殖，沼气产量足够多；而温度不适合，沼气菌生长繁殖慢，沼气产量少甚至不产气。研究表明，温度在10~70℃之间，均能完成产沼过程。在此温度范围内，温度越高，越有利于微生物生长代谢，有机物的降解速率较快，产气量高；低于10℃或高于70℃时，微生物的活性均会受到严重抑制，产气很少，甚至不产气。在产沼过程中，需要保持发酵料温度的相对稳定，温度突然变化超过5℃以上，产气会立刻受到影响。通常在不同温度范围内有不同的沼气微生物发挥作用：在52~60℃范围发挥主要作用的是高温微生物，此范围属于高温发酵；在32~38℃之间发挥主要作用的是中温微生物，此为中温发酵；在12~30℃之间发挥主要作用的是常温微生物，此为常温发酵。大量工程实践证明，农户用沼气池采用15~25℃的常温发酵是最经济适用的。然而也恰恰是由于这个原因，导致沼气池在一年之中产气量不均匀：夏季产气量大，冬季产气量小、甚至不产气，而农户对沼气的需求却冬季相对较大，这样就出现产气量与需求量之间的不平衡，需要加强冬季管理，增强保温，以保证冬季沼气的正常供应。

(6) 适宜的pH值

产沼气微生物的生长、繁殖都要求发酵原料保持中性或微碱性。发酵原料过酸、过碱都会影响产气。正常产气要求发酵原料的pH值介于6~8即可。发酵原料在产沼气的过程中，其 pH 值会先由高降低，再升高，最后达到恒定。这是因为在发酵初期由于产酸菌的活动，池内产生大量的有机酸，会导致发酵环境呈现酸性；发酵持续进行过程中，氨化作用产生的氨会中和一部分有机酸，再加上甲烷菌的活动，使大量的挥发性酸转化为甲烷和二氧化碳，pH 值逐渐回升到正常值。通常 pH 值的变化是发酵原料自行调节的过程，无须人为干预。但是当物料配比失当、管理不善、发酵过程受到破坏的情况下，就有可能出现偏酸或者偏碱的发生，这时就需要人为加以调节。在实际案例中，由于加料过多造成的“酸化”现象时有发生：当沼气燃烧的火苗呈现黄色，说明沼气中的二氧化碳含量较高，沼液 pH 值下降。一旦酸化现象总物料的 pH 值达到 6.5 以下，应立即停止进料和适量的回流搅拌，待 pH 值逐渐上升再恢复正常。如果 pH 值达到 8.0 以上，应该投入接种污泥和堆沤过的秸草，使 pH 值逐渐下降恢复正常值。

（7）适当搅拌

实践证明，适当的搅拌方法和强度，可以使发酵原料分布均匀，增强微生物与原料的接触，使之获取营养物质的机会增加，活性增强，生长繁殖旺盛，从而提高产气量。搅拌又可以打碎秸壳，提高原料的利用率及能量转换效率，并有利于气体的释放。采用搅拌后，平均产气量可以提高 30% 以上。

沼气发酵体系是一个复杂的生态系统，微生物多样性结构决定了其发挥的功能。工程和工艺改进的最终目标都是提供给微生物适宜生长的发酵条件，使其充分发挥生态功能，从而能够高效降解和转化大分子有机物。因此，应用新的技术方法准确地把握沼气发酵体系中微生物群落结构与功能，创造适宜的微生物发酵条件是实现沼气发酵高效运行关键。

（三）基于畜禽粪便能源化利用的农业循环模式

案例一：北京市顺义区北郎中模式（猪→沼气工程→花卉、林木、大田种植→猪）

该模式提供的关键技术包括：

1. 沼气工程

该工程分三期建设，分别采用 UASB、USR 和 HCF 工艺，第一期的发酵罐容积为 500 立方米，发酵温度为 26℃，日产气量为 140～600 立方米；二期工程的发酵罐容积为 700 立方米，发酵温度为 36℃，日产沼气 130～580 立方米；三期工程的发酵罐容积为 1 000立方米，发酵温度为 32℃，日产沼气 300 立方米。

2. 好氧堆肥工程

主要有条垛式发酵池、新型智能翻堆增氧设备、新型湍旋式废气处理装置、自动监控设备等，工艺参数：辅料为粒径小于 3 厘米的锯末或秸秆，添加 3‰～5‰的抗生素降解氧化剂，1‰～5‰的雌激素降解氧化剂，5%～20%的木质素降解启动剂，调节猪粪初始 C/N 为（26～30）：1，堆料初始含水量 50%～60%。定期翻堆通气，25～30 天即可完成堆肥过程。本工艺也适用于沼渣生态处理。

3. 循环模式

北郎中村循环农业模式的基本原理是以沼气工程为核心、以废弃物资源化为主要手段的区域系统循环。该区域循环系统内贯穿两条循环链条：一是主链，即“猪→沼气工程→花卉、林木、大田种植→猪”，该链条将北郎中村两大支柱产业——生猪、种猪养殖和花卉苗木种植通过沼气工程连接起来，对上解决了畜禽粪便的污染和浪费问题，对下解决了种植业肥源问题。沼气工程的介入，实现了废弃物资源的高效利用，为村民提供了清洁廉价的生物能源，提升了村民的生活品质。而沼渣沼液的使用，减少了化肥的使用量，为北郎中村生产绿色农产品提供了保障。二是支链，即“猪粪（秸秆、枝条等）→堆肥→花木、大田作物”，该链条避免了村内剩余猪粪、秸秆、花木枝条等的浪费，同样达到了废弃物资源化的目的。该模式采用粪污收集、肥料销售的粪污收集形式，以集体养殖为主体对粪污进行深度处理开发。

固体猪粪和沼渣经过项目组工艺处理后，成为一种氮、磷、钾养分齐全、肥力速缓兼备、无重金属、抗生素和激素类污染残留的高品质有机肥料，用于花卉苗木、蔬菜和大田作物生长的基肥，可以增产增收，提高土壤有机质含量，改善土壤团粒结构等。沼液经过处理，其中有机物降解率达 90%以上，氨氮去除率达 85%以上，不仅可用于花卉、蔬菜和农作物追肥，还可以安全排放。施用时，根据作物生长情况，沼液适当掺水稀释，避免伤害植物的幼根或嫩叶。将沼液按一定比例结合灌溉施用，也可以进行喷施。沼液可与尿素等化肥配合使用，不但能大大降低化学肥料使用量，同时沼液能帮助化肥在土壤中溶解，吸附和刺激作物吸收养分，提高化肥利用率。一般每 50 千克沼液中加入 0. 5～1 千克尿素。同时，沼液还可以作为叶面肥进行喷施，既补充养分，又防治病虫害。

案例二：德青源模式

都市型现代农业如何实现科学发展，特别是成规模的养殖业如何做到绿色、环保、可持续，是摆在每一个养殖企业面前不可回避的问题。如何最大限度地使畜禽粪便实现资源化利用，是有效解决养殖业发展的“瓶颈”问题。北京德青源农业科技股份有限公司（以下简称“德青源”）养殖了 260 万只蛋鸡，不但利用沼气友好地处理了鸡粪，解决了污染问题，还利用沼气发电，产生了绿色能源，实现了循环发展、可持续发展。

首先是生产高品质鸡蛋、满足市场需求。德青源于 2000

年8月在北京市延庆县投资建立了中国最现代化的蛋鸡场——“德青源健康养殖生态园”（以下简称生态园）。分三期建设的生态园投资4亿多元，占地面积55公顷。生态园内养殖区采用叠层笼养工艺，配合先进的全自动喂料、饮水、通风、调温、集蛋、清粪及鸡蛋分级包装等与国际先进水平同步的设备，实现了整个生产过程的全自动化。目前，德青源日产鸡蛋150万枚，年产德青源鸡蛋5亿枚，满足北京市场25%的鸡蛋供应，在全市的品牌鸡蛋市场占有率高达71%。同时，每年可提供市场肉鸡200万只。生态园内还建有液蛋加工厂、壳蛋加工厂，年生产液蛋、蛋粉1万吨，在出售鲜蛋的同时，为食品加工企业提供原料。

其次德青源围绕处理粪污、保护生态环境大做文章。主要是以湿法沼气发酵为基础，充分利用发酵产物和发酵剩余物生产清洁能源，最终形成“粮—鸡—粪—气—电—肥—粮”的循环模式。为处理近300万只蛋鸡每年产生的近8万吨鸡粪和冲洗鸡粪、清洗鸡蛋的近20万吨污水，德青源投资建设了4座3 000立方米沼气发酵罐，1座5 000立方米二级发酵—沼液储存罐，2 150立方米干式储气柜。通过这些设备，不但鸡粪、污水不用外排，每年可产生沼气700多万立方米。同时，利用沼渣生产固态有机复合肥6 600多吨，沼液7万多吨，可满足约3 400公顷土地的生产用肥。由于循环中有了动物、植物和微生物的参与，形成了一个小生态圈，生产、加工等过程中产生的所有废弃物都得到良好的重新利用，有机废弃物和污水都实现了零排放。

再次是用沼气发电，生产清洁能源。为更好地利用沼气，德青源又添置了科技含量高的2台沼气发电机组，建设了再生能源区。每年用处理粪污发酵产生的700多万立方米沼气发电，年发电量达到1 400万千瓦·时以上。同时，回收发电尾气余热，每年可回收相当于4 500吨标煤的热量。二级发酵系统每天回收发电剩余尾气 2 000立方米，为当地 500 户新村居民提供生活用燃料。据统计，每年供气量达 73 万立方米，替代了农民过去所依赖的木柴和煤炭，保护了自然资源，减少了对环境的污染，降低了二氧化碳气体的排放。

通过以上三个节点建设循环经济模式，德青源实现了整个生产过程中资源的最优配置和最低成本投入。前一环节的废弃物作为后一环节的原料，不产生需要外排处理的废弃物。同时，循环过程实现了资源的最大化利用，提高了经济效益，保护了生态环境。

第五章　畜禽粪污处理应用实例

第一节　猪场“猪—沼—油”循环农业经济模式

一、猪场概况

江西盛源牧业有限责任公司蒋家猪场作为江西云河实业有限公司的子公司，位于万年县石镇蒋家村，占地面积 120 亩（1 亩≈667 平方米，全书同），猪场现有职工 32 人，技术人员 6 人。猪场三面环山，一面临水，自然隔离条件优越，猪场总建筑面积 13 340平方米，其中，母猪舍 10 幢，面积 5 200平方米；商品猪舍 12 幢，面积 6 100平方米；其他绿化等配套设施 2 500平方米。2012 年存栏猪约 4 000头，其中，能繁母猪 550 头，年出栏商品猪 10 000头。

年排猪粪约 2 600吨、污水约 29 000吨。配套建设油茶林 3 500多亩。

二、猪场粪便收集和贮存

猪场依靠山坡自然倾斜坡度，傍山而建，采用干清粪、雨污分流（图 5-1）、干湿分离工艺设计，人工清理出的干粪和含水量不高的猪粪直接运输到 100 立方米的堆粪池，池顶部设有两个下粪口。

该场共有两个堆粪池，交替使用。每个堆粪池容纳约 15 天的干粪，其中，一个粪池堆满后，开始使用另一个堆粪池，第二个堆粪池使用期间，用农用车将第一个堆粪池中经发酵的干粪运输到果园的堆粪池继续堆放发酵，当第二个堆粪池堆满后，接着使用第一个堆粪池，如此往复。

图 5-1　雨污分离后的雨水沟

三、猪场污水沼气工程处理系统

（一）猪场污水前处理

猪栏一般不用水冲，场区的粪尿及少量溢出的饮用水与粪渣等自流到专用污道，经污水管（直径约 60 毫米）集中到栅栏池（250 立方米），经过斜板筛（筛孔规格 1.5 厘米×1.5 厘米）进行固液分离预处理后，除去污水中悬浮杂物、沉砂等；固液分离预处理后的污水依靠落差（约 1.5 米）自流进入水解酸化池（直径 8 米，约 300 立方米），将复杂的有机物分解为简单的有机物质，减少厌氧发酵的有机负荷，提高发酵速率。

（二）猪场污水厌氧发酵

经水解酸化后的污水自流进入地下式的厌氧发酵处理

(200立方米×8)，该发酵采用“斗墙布水折流厌氧发酵工艺”，废水在发酵池内呈“W”上下折流，废水经过多次折流充分厌氧发酵后，沼气通过专用管道经汽水分离、脱硫后进入200立方米贮气罐（悬浮式）（图5-2）。

图5-2 沼气贮气罐

（三）沼气的利用

污水厌氧发酵产生的沼气，除用于猪场冬季供热保暖，食堂做饭和职工洗澡等生活用能外，其余部分免费输送给附近村庄作为居民生活用气。

（四）沼液的处理和利用

沼液进入沉淀池（300立方米×2）进行二级沉淀处理（图5-3和图5-4），沉淀的清理采用人工不定期进行。

经过沉淀后的沼液通过污水泵（15千瓦）抽送到专门的沼液管道送到油茶林的沼液贮存池，以贮存或再通过污水泵送到各油茶林喷管进行喷灌，正常时每2天1次。沼渣和沼液均用于公司蒋家油茶林基地的施肥与喷灌，实现循环利用。

图 5-3　沼液一级沉淀池

图 5-4　沼液二级沉淀池

四、猪场粪污处理系统经济效益分析

猪场采用雨污分流、干清粪工艺，尽量减少养殖用水，并加大养殖污水污物的无害化处理及循环利用，自2008年以来，公司投资180多万元用于粪污处理设施建设；粪污处理系统建成后，公司年产沼气12万立方米，每立方米沼气按1.5元计算，年收入达18万元；年产沼液4万吨，每吨按6元计算，年收入达24万元；沼渣、干粪等干物质处理成有机复合肥，年产400吨，每吨按200元计算，年收入达8万元；猪场废弃物处理系统的年收益达到50万元。据此测算，3~4年可收回投资成本。

五、猪场粪污处理系统生态效益分析

该场干粪、沼渣及沼液用于公司蒋家油茶林基地的施肥与喷灌，使养殖企业的废弃物粪污成为过去，猪场产生的污染源从源头上得到了根治，改变了周边的环境，同时污水经厌氧发酵处理后，变废为宝，使之转化为高效农业种植肥料，促进了农产品的升级，为无公害、绿色和有机食品油茶的种植提供了宽广的发展平台，提高了市场竞争力和产品的附加值，促进了生猪养殖业的可持续发展。

第二节　猪场污水厌氧+好氧达标排放与粪便农业利用

一、猪场概况

湖南省岳阳市正虹科技股份有限公司正虹凤凰山原种猪场存栏规模60 000头，存栏母猪3 000头，该养殖场高度注重养殖废弃物的处理，先后投资1 500万元，已经建成了日处理

500 吨养殖污水的沼气发电厂，厌氧沼液经过好氧和氧化塘处理后实现达标排放，固体粪便直接进行农业利用。

二、猪场粪便收集和贮存

猪舍内粪便采用人工干清粪，清理出的干粪直接运送至堆粪池，地面冲洗的粪污水经过固液分离（图 5-5）和干化池处理后，分离出粪渣和污水，其中，粪渣与舍内清理出的固体粪便一起在堆粪池中贮存一周左右，供周围农户用于种植或水产养殖，堆粪池有防雨顶棚，地面进行硬化处理。

图 5-5　猪场粪水固液分离

三、猪场污水处理工艺流程

该场污水采取厌氧与好氧相结合的达标排放工艺（图 5-6），具体工艺流程如下。

猪场粪污经过固液分离机分离的污水，首先进入一级厌氧发酵池（500 立方米×2），采用升流式固体厌氧反应器（USR），污水在其中的停留时间为 2~3 天，之后经过缓冲池，

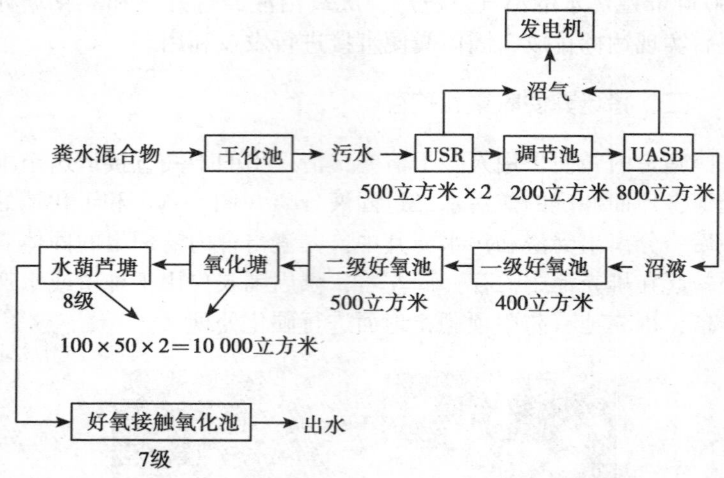

图 5-6　猪场污水厌氧+好氧处理的达标排放工艺

进入二级厌氧发酵池（UASB，800 立方米），在其中停留 1.5~2.5 天。一级和二级厌氧发酵产生的沼气进行发电（图 5-7），每天发电 700~800 千瓦·时，主要用于污水后端的好氧曝气，其余再用于猪场的运行。

图 5-7　沼气发电机组

四、猪场沼液达标排放处理

经过二级厌氧发酵处理后，所产生的沼液首先进入400立方米的一级好氧池，采用序批式活性污泥法（SBR），进行好氧曝气处理；之后进入500立方米的二级好氧池，采用生物接触氧化工艺处理，进行生物氧化处理；出水进入10 000立方米的氧化塘和8级水生植物塘，在其中停留1个月左右；处理出水最后进入模块化污水处理系统进行贮存处理后达到排放。

目前，该场污水处理系统的出水口安装了在线监测系统，实时在线监测。确保达标排放。

五、猪场污水处理的经济效益分析

目前，该工程日处理养殖污水300~500吨，日发电量500~800千瓦·时，发电在满足猪场污水好氧处理用电的基础上，还可以供全场生产和生活用电10小时以上，能降低猪场的电能支出。

由于该场位于湖南省岳阳市汨罗江畔，临近水源，因而对猪场排放出水的水质要求很高，目前，猪场采用的多级好氧净化系统能满足环保要求。

尽管由于达标排放的能耗高，猪场粪污处理的收益很有限，但是，由于该场的粪污设施建设得到了国家项目的支持，该场的环保投资和运行压力并不大。

第三节　奶牛场污染物综合治理工程

一、奶牛场概况

山东银香伟业集团第三奶牛养殖小区存栏奶牛5 000头，占地约1 000亩。废弃物综合治理工程占地150亩，约占整个小区面积的15%，总投资2 500多万元，厂房建筑面积18 000平方米，硬化堆肥厂面积45 600平方米。配有德国Backhus进口翻抛设备2台套、意大利Warn进口固液分离机4台套、堆肥生产设备1套、高低压配电系统1套、沼气工程系统1套、10 000立方米沼气池2座、污水汇聚系统一套、沼气集中供热系统1套、160千瓦沼气发电系统1套、运输车辆4台、配套道路建设、围墙建设、绿化建设等。

二、奶牛场污水处理

养殖小区采取节水减排措施，产生的少量废水全部流入集水管道，最后汇集到污水暂存池，污水暂存池的水与沼气工程的沼液上清液混合，用来稀释牛粪，然后进行固液分离。固液分离后的液体全部进入沼气工程，沼气发酵采用了软体沼气池(图5-8)，节省了投资成本，而且安全、高效，实现了与有机农业季节施肥相适应。软体沼气池存储量约20 000立方米，其中，10 000立方米为全封闭式发酵池，这就保证了沼气工程中的料液能够完全发酵，减少了臭气的产生和挥发，而且提高了沼液的品质。

图5-8 软体沼气池

沼气池年产沼气 100 万立方米，用于锅炉燃烧可节约标煤 700 多吨，或用于发电可年产 100 万度，同时减少二氧化碳排放 700 多吨，节省资金 70 万元，所产沼渣、沼液全部施用到农田（图 5-9），既改良了土壤，同时还达到了杀灭害虫及虫卵的效果。

图 5-9　沼液通过喷液器均匀还田

沼气反应池采用半地下软体反应池取代原来的碳钢反应罐和贮气罐，减少投资，并且实现了安全、高效和季节调节。沼气采用燃烧和发电互补的办法，热能利用率高，经济效益好。

三、奶牛场粪便处理

固液分离后的固形物全部运到有机肥厂，无害化发酵处理后生产有机肥或土壤培养基。每年可产优质堆肥或有机土壤培养基 3 万吨。

该模式首先将奶牛场牛粪尿等全部废弃物和沼液上清液进行混合、粗筛分后，用泵将混合液泵入公司自主创新固液分离系统。挤出的固体牛粪半干料运至有机肥厂，通过高效翻抛系统进行有机肥发酵（图 5-10），生产的有机肥和有机土壤培养基用于公司的有机基地培养、自控土地改良和肥料市场销售，种植的有机饲料玉米饲喂高产奶牛，其他粮、果、蔬菜部分还用于开发有机农产品并推向市场。另外，一部分牛粪还用于蚯蚓养殖、菇业种植以及蚂蚱养殖，开发牛粪的多渠道利用模式，从而促进生态农业的快步发展。

图 5-10 自动翻抛系统

四、奶牛场粪污处理系统的效益分析

（一）经济效益

整个项目投入共计 2 500多万元。有机肥年产值 1 000元/吨×30 000吨＝3 000万元；沼气发电 100 万千瓦·时×0.7元/千瓦·时＝70 万元；沼液 10 000吨主要用于自控土地施肥和 EM 肥深度市场化开发。

（二）生态效益分析

一是实现了节能，减少了电能和煤炭的使用量；二是实现了减排，既减少了温室气体排放，又实现了污水零排放；三是助推有机农业，无害化的有机肥料和有机土壤培养基为公司的有机农牧业打下了坚实的先决基础，沼液的使用加速了公司有机土地认证和转化的进程。

第四节　奶牛场粪污厌氧发酵+固液分离处理案例

一、牧场概况

现代牧业（肥东）有限公司位于安徽省合肥市肥东县白龙工业聚集区，成立于2009年12月2日，注册资本5 000万元人民币，是现代牧业（集团）有限公司的全资子公司。公司占地2 380亩，其中建筑面积600亩，现有牛舍24栋，青贮池15个、青贮平台1座可以存放10万吨青贮饲料，消毒室2个、品控实验室2个。现代牧业（肥东）有限公司目前奶牛存栏18 500头，其中，泌乳牛11 000头，育成牛5 000头，犊牛2 500头。为满足公司正常生产，牧场建设4台80位转盘挤奶机用于挤奶。牧场将国外的半地下式中温发酵应用于牧场的粪污处理中，每年可生产沼渣9万吨。

二、粪污产生情况

现代牧业（肥东）有限公司常年存栏奶牛近2万头，推算养殖场的粪污量：日产鲜牛粪25千克/头×20 000头＝500吨；排尿量30千克/头×20 000头＝600吨，冲洗污水量20千克/头×20 000头＝400吨，每天排放的粪、尿及冲洗废水总量约为1 500吨。

三、粪污处理工艺

企业在生产过程中排出的粪污主要为奶牛产生的粪尿、冲洗废水。主要污染物为COD、NH_3-H等。企业粪污处理站采用厌氧发酵+固液分离的主体处理工艺（图5-11）。

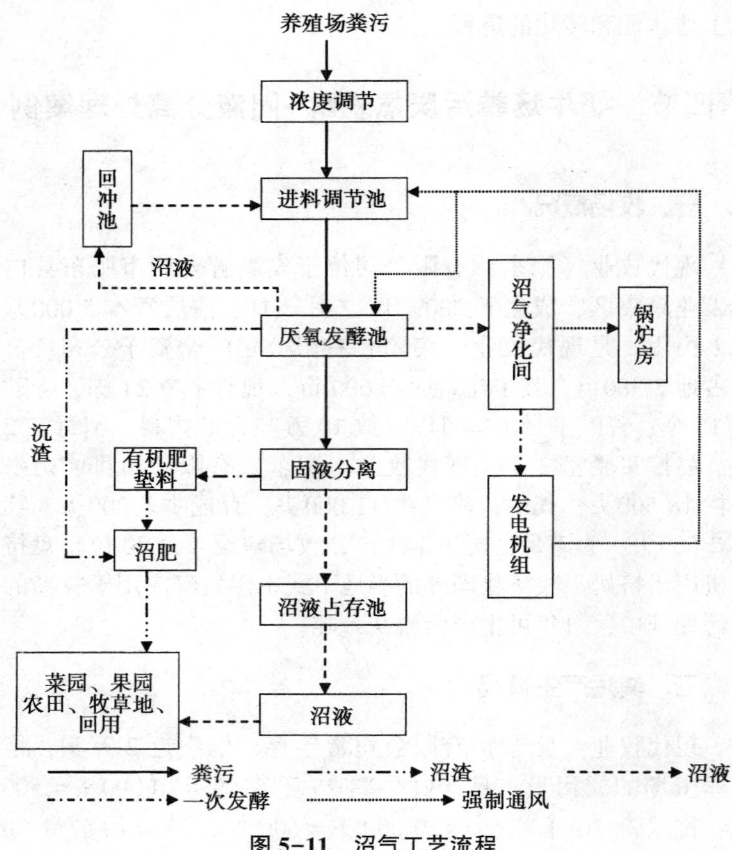

图 5-11　沼气工艺流程

四、粪污收集

泌乳牛舍：粪污由刮板从牛舍两头刮入牛舍中央的粪沟，牛舍半段长 180 米，共有 12 个粪道，每个粪道每 2 小时出一次粪。刮入粪沟里的粪由循环的粪污上清液冲入调节池。

干乳牛舍：粪污由刮板从牛舍刮入牛舍一端，牛舍长 180 米，共有 4 个粪道，每个粪道每 2 小时除一次粪。刮入粪沟里的粪由循环的粪污上清液冲入调节池。

五、粪污的水冲输送

冲洗用水既可是粪污的上清液，也可是粪污发酵后的沼液上清液，水冲粪液在保证流动性的前提下，尽量提高浓度。冲洗液能循环利用，对粪沟截面尺寸及粪沟坡度进行准确设计，使冲洗水用量最小，且不至于污粪沉积于粪沟。冲洗时间和牛舍出粪时间联控，节约冲洗时间。

调节好的高浓度料液（TS 5.6%）（图 5-12）进入进料调节池，再由螺杆泵泵入厌氧发酵池，并由电磁流量计控制泵入量。

粪污的冲洗及输送采用全自动控制。

图 5-12　集粪池实景图

六、粪污发酵

粪污在沼气池内进行厌氧发酵，生产沼气（图 5-13）。采用中温厌氧发酵，沼气池内的温度控制在 35℃左右，采用盘管换热方式，加温热源为发电机组余热。沼气池设有温度传感器。

图 5-13　沼气发酵池

七、沼气

沼气池产生的沼气经过除尘、脱硫、脱水、稳压等净化过程后进入热电联产沼气发电机组和沼气锅炉。产生的电能全部自用或供周边企业、居民使用，沼气锅炉产生的热能主要用于厌氧罐的增温、保温，多余的热能可用于挤奶厅等温度调节。沼气在使用的过程中注意防火防爆，做到安全用气。

净化后的沼气指标：甲烷体积含量不低于 55%；H_2S≤20 毫克/标准立方米；温度≤35℃；最大温度梯度 0.5%/30 秒；压力 10~50 千帕，变化速率 10 千帕/30 秒；最大粉尘颗粒度 1 微米；粉尘最大含量 5 毫克/标准立方米 CH_4；氨最高含量 2 毫克/标准立方米 CH_4；硅灯化合物 10 毫克/标准立方米 CH_4。

八、沼渣、沼液的处理

厌氧发酵后沼液泵入固液分离机，固液分离后的固态物质（沼渣）进一步干化，部分用作牛舍垫料，部分生产有机肥。

部分沼液回用，大部分沼液进入沼液贮存池，作为周边地区无公害蔬菜、果园和牧草基地的优质有机液肥使用，实现污染物的零排放。在征得附近农户许可的情况下，在农田内每

10 亩配套建设一处 100 立方米的田间沼液贮存池，由养殖场的沼液运输车定期运送沼液。所有沼液贮存池均做防渗处理，防止沼液对周边环境产生不利的影响。

分离后的沼渣含水量不大于 65%，最终进入沼液池的沼液含固率不大于 1%。

第五节　鸡场粪便商品颗粒有机肥生产

一、鸡场概况

山东省青岛田瑞生态科技有限公司蛋鸡养殖场位于即墨市店集镇，始建于 2006 年。蛋鸡场目前存栏规模 30 万只，年产鲜蛋 6 000吨，是农业部第一批国家级蛋鸡规模化养殖示范基地。公司被第 29 届奥林匹克运动会组织委员会帆船委员会指定为 2008 青岛奥帆赛、残奥帆赛食品定点供应企业。公司年产鲜粪 22 000多吨，如不能及时治理，将会对环境造成严重污染。

二、鸡场粪便有机肥生产工艺流程

公司在 2008 年投资 1 000多万元在即墨店集创建有机肥生产系统，将鸡粪与农作物秸秆相混合，并辅佐以生物菌剂生产商品有机肥，具体工艺流程（图 5-14）如下。

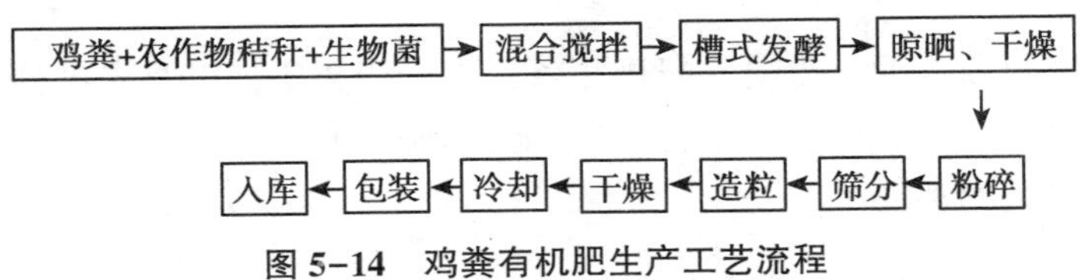

图 5-14　鸡粪有机肥生产工艺流程

三、鸡粪好氧发酵处理

公司选用成熟的微生物发酵技术，筛选和组建的多菌种复合体，通过发酵槽（图 5-15），静态和动态立体混合搅拌、发酵模式，48 小时可使粪堆内温度达 60～72℃，从而加快分解速度，促进畜禽粪便快速升温除臭，彻底杀灭病菌、虫卵，实现粪便无害化处理。

将粪便与秸秆（花生壳粉、草或锯末）按 2∶1 比例进行充分混合后，将活化后的微生物用喷雾装置均匀地喷洒到混合物中，调节水分含量至 50%～60%，堆积并适时通风，进行微生物降解处理粪便除臭。

图 5-15　鸡粪好氧发酵槽

目前，拥有粪便发酵槽 2 条，生产线 2 条，以及先进的配套设施，年生产有机肥可达 30 000多吨，相当于年可处理 120 万只鸡的鸡粪。

四、鸡粪有机肥的造粒和包装

鸡粪经过好氧发酵后，首先运输至晾晒场（图 5-16）进行干燥，经过粉碎和筛分后，进入造粒车间造粒。颗粒肥料进入烘干车间进一步干燥后，再将干燥后的颗粒肥料进行包装后出售。

图 5-16　晾晒场

五、鸡粪有机肥生产的经济效益

按照本项目设计的要求，生产 1 吨有机肥的总成本不超过 400 元，由于部分鸡粪为本公司自产，成本进一步降低。目前有机肥市场价格约 600 元/吨，每吨有机肥的毛利润约 200 元。

在目前的情况下，公司的年产值：500～800 元/吨×30 000 吨/年＝1 500～1 800 万元/年；年利润：200 元/吨×30 000 吨/年＝600 万元；销售税金：600 万元×6%＝36 万元（由于是环保项目，可申请税金减免）；税后利润：600 万元−36 万元＝564 万元。

该项目将粪便通过生物处理变成优质有机肥料和土壤改良剂，为当地的循环经济发展起了示范和带头作用，也得到了当地政府和农户的大力支持。

第六章　农作物秸秆资源化处理与利用

第一节　农作物秸秆资源化利用现状

农作物通常是指林木以外的人工栽培植物，一般可分为大田作物和果蔬园艺作物。大田作物包括粮食、经济、绿肥与饲料三大类。其中，粮食作物大类可细分为禾谷类（水稻、小麦、玉米等）、豆类（大豆、绿豆等）、薯芋类（马铃薯、甘薯等）3类；经济作物大类可细分为纤维作物（棉花、黄麻、红麻、苎麻、亚麻、剑麻等）、油料作物（油菜、芝麻、花生、向日葵等）、糖料作物（甘蔗、甜菜等）、其他作物（烟草、茶叶、薄荷、咖啡、啤酒花等）等4类；绿肥与饲料大类包括苕子、苜蓿、紫云英、田菁等。

农作物秸秆是指水稻、小麦、玉米等禾本科作物成熟脱粒后剩余的茎叶部分以及果蔬园艺类的茎秆、薯芋类藤蔓等，其中水稻的秸秆常被称为稻草，小麦的秸秆则被称为麦秆（图6-1）。经济作物、绿肥与饲料茎蔓也属农作物秸秆。

一、农作物秸秆资源分布

农作物秸秆是农作物生产系统中植物纤维性废弃物之一，是一项重要的生物资源。农作物秸秆资源分布具有3个特点：品种多、数量大、遍布广。据联合国环境规划署（UNEP）报道，世界上种植的各种谷物每年可提供秸秆数量近20亿吨，其中，大部分未加工利用。中国是农业大国，也是农作物秸秆

图 6-1　农作物秸秆

资源最为丰富的国家之一，主要农作物秸秆数量近 8 亿吨（2010 年我国的秸秆总量为 1.26 亿吨），其中稻草 2.3 亿吨，玉米秆 2.2 亿吨，豆类和秋杂粮作物秸秆 1.0 亿吨，花生和薯类藤蔓、甜菜叶等 1.0 亿吨。随着农作物单产的提高，秸秆产量也将随之增加。

秸秆产量最大的是稻草，约占总秸秆产量的 29.93%，主要分布于中南（湖南、湖北、广东、广西壮族自治区）、华东地区（江苏、江西、浙江和安徽等）和西南的部分省份（如四川等）；其次是玉米秆，约占总产量的 27.39%，主要分布于东北和华北（河北、内蒙古自治区等）地区的各省份及华东（如山东）和中南（如河南）的部分省份；小麦秆产量占农作物总秸秆产量的第三位，约占 18.31%，主要分布于华东（山东、江苏、安徽）、中南（如河南）和华北（如河北）等地区；豆类秸秆产量约占 5.06%；薯藤产量约占 3.47%；油料作物秸秆约占 7.99%。随着农业产业结构调整，经济作物秸秆数量占总秸秆的数量比例会有所增加。

二、农作物秸秆利用现状

农作物秸秆利用，在我国有着优良的历史传统，如利用秸秆建房，以蔽日遮雨；利用秸秆编织坐垫、床垫、扫帚等家用品；利用秸秆烧火做饭取暖；利用秸秆铺垫牲圈、喂养牲畜，堆沤积肥还田等。在传统农业时期，秸秆资源主要是不经任何处理直接用于肥料、燃料和饲料。随着经济社会的发展，传统农业向现代农业的转变，以及农村能源、饲料结构等发生的变化，传统的秸秆利用途径也随之发生历史性的转变，科技进步为秸秆利用开辟了新途径和新方法。秸秆收集、运输的方便化有利于转化与利用（图 6–2）。

图 6–2　搜集田间秸秆

根据典型调查，目前我国农作物秸秆利用的 5 种方式大体分配是：肥料化利用占 20%～25%，能源化占 35%～40%，饲料化利用占 25%～35%，原料化利用占 1%～5%，基料化利用占 1%～5%。合计每年有 90%以上的作物秸秆资源通过不同利用途径而分解转化，但每年还有不到10%的作物秸秆过剩，滞留于环境之中，特别是在农业主产区，秸秆资源大量过剩的问题仍十分突出，每到夏秋收获之际，秸秆焚烧浓烟滚滚，这种处理方式不仅浪费了宝贵的自然资源，造成了环境污染，也造成了事故多发，对高速公路、铁路的交通安全及民航航班的起降安全等构成了极大威胁，并对人类健康和安全造成严重危害，已成为一大社会问题。

三、农作物秸秆成分与热值

（一）秸秆成分

据测定，农作物秸秆成分是由大量的有机物和少量的无机物及水所组成。

1. 有机物

农作物秸秆主要成分是纤维素、半纤维素和木质素，其中木质素将纤维素和半纤维素层层包裹，纤维素、半纤维素和木质素统称为粗纤维，粗纤维是组成农作物茎秆细胞壁的主要成分。此外还有少量的粗蛋白、粗脂肪和可溶性糖类，可溶性糖类用无氮浸出物表示。

无氮浸出物是一组非常复杂的物质，它包括淀粉、可溶性单糖、可溶性双糖及部分果胶、有机酸、木质素、不含糖的配糖物、苦涩物质、鞣质（单宁）和色素等。一般情况下，无氮浸出物含量不进行化学分析测定，而是根据秸秆中其他养分的含量通过计算得出。计算公式为：

无氮肥浸出物含量＝100%－（水%+粗蛋白%+粗脂肪%+粗纤维%+粗灰分%）

（1）纤维素。纤维素是天然高分子化合物，其化学结构是由很多D–葡萄糖，彼此以β-1，4糖苷键连接而成，几千个葡萄糖分子以这种方式构成纤维素大分子，不同的纤维素分子又通过氢键形成大的聚集体。纤维素溶于浓酸而不溶于水、乙醚、稀酸和稀碱等有机溶剂，纤维素是农作物茎秆细胞壁的主要组成成分。

纤维素是世界上最丰富的天然有机物，它占植物界碳含量的50%以上。不同作物茎秆纤维素含量不同。棉花秸秆的纤维素含量占44.1%；水稻秸秆粗纤维占32.6%；玉米秸秆粗纤维占29.3%；小麦秸秆粗纤维占37%。纤维素是重要的造纸原料。此外，纤维素还应用于塑料、炸药及科研器材等方面。食物中的纤维素（即膳食纤维）对人体健康有重要作用。纤维素用作食料，哺乳动物不能吸收利用，但能被食草动物所利用。因为哺乳动物不能分解纤维素，而食草动物瘤胃中能产生一种分解菌，将纤维素及半纤维素酵解成挥发性脂肪酸——乙酸、丙酸、丁酸，而被吸收利用。

（2）半纤维素。半纤维素是植物纤维原料中的另一个主要组成，是植物中除纤维素以外的碳水化合物（淀粉与果胶质等除外），主要由木糖、甘露糖、葡萄糖等构成，是一类多糖化合物。半纤维素不溶于水而溶于稀酸。它结合在纤维素微纤维的表面，并且相互连接，它和纤维素是构成细胞壁的主要成分。半纤维素和纤维素一样，也可被食草动物吸收利用。

（3）木质素。木质素是植物界仅次于纤维素的最丰富、最重要的有机高聚物之一，其在木材中含量为20%~40%，禾本类植物中含量为15%~25%。木质素是一类由苯丙烷单元通过醚键和C—C键连接的复杂无定形高聚物，和半纤维素一起，除作为细胞间质填充在细胞壁的微细纤维之间、加固木化组织的细胞壁外，也存在于细胞间层，把相邻的细胞粘贴在一起，发挥木质化的作用。构成木质素的单体，从化学结构上看，既具有酚的特征又有糖的特征，因而反应类型十分丰富，形成的聚合物结构也非常复杂。木质素用作食料时，哺乳动物和食草动物都不能吸收利用，而且它还会抑制微生物的酵解活动，降低饲料中其他养分的消化效率。

(4) 其他有机物。其他有机物还有粗蛋白、粗脂肪、无氮浸出物等。各种农作物秸秆营养成分见表6-1。

2. 无机盐

农作物秸秆中除含有约40%的碳元素外，还含有氮、磷、钾、钙、镁、硅等矿质元素（表6-2）和少量微量元素，其总含量一般约为6%。但稻草中硅酸盐含量较高，可达到12%以上。

秸秆中维生素在农作物成熟以后，基本上被破坏，因此含量很少。

(二) 热值

据韩鲁佳等取样测定，农作物秸秆热值大约相当于标准煤的1/2，约为15 000千焦/千克，各种秸秆的热值见表6-3。

表6-1　各种农作物秸秆营养成分表　（单位:%）

秸秆名称	水分	粗蛋白	粗脂肪	粗纤维	无氮浸出物	粗灰分
稻草	6.00	3.80	0.80	32.57	41.80	14.70
小麦秆	13.5	2.70	1.10	37.00	35.90	9.80
玉米秆	5.50	5.70	1.60	29.30	51.30	6.60
大麦秆	12.90	6.40	1.60	33.40	37.65	7.00
大豆秆	5.80	8.90	1.60	38.88	34.70	8.20
蚕豆秆	17.00	14.60	3.20	25.50	30.80	8.90
花生藤	7.10	13.20	2.40	21.80	16.60	6.00
甘薯藤	10.40	8.10	2.70	28.52	39.00	9.70

表6-2　几种农作物秸秆的矿物质元素成分含量　（单位:%）

种类	氮（N）	磷（P）	钾（K）	钙（Ca）	镁（Mg）	锰（Mn）	硅（Si）
水稻	0.60	0.09	1.00	0.14	0.12	0.02	7.99
小麦	0.50	0.03	0.73	0.14	0.02	0.003	3.95
大豆	1.93	0.03	1.55	0.84	0.07	—	—

表 6-3　不同类别作物秸秆的热值　（单位：千焦/千克）

秸秆种类	麦类	水稻	玉米	大豆	薯类	杂粮类	油料	棉花
热值	14 650	12 560	15 490	15 900	14 230	14 230	15 490	15 900

第二节　农作物秸秆肥料化利用

一、秸秆还田

（一）秸秆还田的作用

秸秆还田是我国秸秆资源化利用中最原始最古老的技术，秸秆还田是秸秆直接利用的一种方式，占我国秸秆利用总数的45%左右，与秸秆焚烧相比是一大进步。

秸秆田间焚烧最直接的危害是产生烟雾，它影响人们的健康与正常生活，妨碍飞机起降与交通安全。而秸秆还田却是利大弊少，增产效果明显。据中国农业科学院等单位试验，在统计了全国60多份材料的基础上，证明秸秆还田平均增产幅度可达到15.7%。坚持常年秸秆还田，不但在培肥阶段有明显的增产作用，而且后效明显，有持续的增产作用。其增产机理主要表现为：

1. 提高土壤养分含量

秸秆还田能明显提高土壤中氮、磷、钾、硅的含量及利用率。据测定，秸秆的秆、叶、根中含有大量的有机质、氮、磷、钾和微量元素，分析得出，每100千克鲜秸秆中含氮0.48千克、磷0.38千克、钾1.67千克，相当于2.82千克碳酸氢铵、2.71千克过磷酸钙、3.34千克硫酸钾。秸秆还田后土壤中氮、磷、钾养分含量都有所增加，尤其以钾元素增加最为明显。同时，由于秸秆中含硅量很高，特别是水稻秸秆含硅量高达8%~12%，因此秸秆还田还有利于增加土壤中有效硅的含量和水稻植株对硅的吸收能力。每亩土地中基肥施 250 千克秸秆，其氮、磷、钾含量相当于 7.06 千克碳酸氢铵、6.78 千克过磷酸钙和 8.35 千克的硫酸钾，但其综合肥效远大于此。

2. 有利于改良土壤

（1）秸秆还田能增加土壤活性有机质——腐殖质。如每亩施入 200 千克稻草，可提供的腐殖质量为 25.3 千克。新鲜腐殖质的加入能吸持大量水分，提高土壤保水能力、改善土壤渗透性，减少水分蒸发，对改善土壤结构、增加土壤有机质含量、降低土壤容重、增加土壤孔隙度、缓冲土壤酸碱变化都有很大作用，能使土壤疏松，易于耕作。

（2）秸秆还田有利于土壤微团聚体的形成。土壤微团聚体能够明显改善黏质土壤的通气性、渗水性、黏结性、黏着性和胀缩性。土壤微团聚体增多对土壤物理性质和植物生长具有良好的作用。

（3）秸秆还田能对土壤有机质平衡起重要作用。如每亩还田 500 千克玉米秸秆，或配合施用化肥，土壤有机质有盈余；不进行秸秆还田，则 0~20 厘米耕层土壤有机质要亏损 12.45~17.6 千克，占原有机质的 0.98%~1.39%。

（4）秸秆还田为土壤微生物提供充足碳源。能促进微生物的生长、繁殖，提高土壤的生物活性。

3. 有利于优化生态环境

（1）有利保墒和调控田间温湿度。秸秆如采用覆盖还田，干旱期能减少土壤水的地面蒸发量，保持耕层蓄水量；雨季则缓冲大雨对土壤的侵蚀，减少地面径流，增加耕层蓄水量。覆盖秸秆还能隔离阳光对土壤的直射，对土体与地表温热的交换起了调剂作用。

（2）有利于抑制杂草生长。试验证明，秸秆覆盖与除草剂配合，能明显提高除草剂的抑草效果。

但是，秸秆还田也存有一定弊端。秸秆还田量并不是越多越好，大量或过量还田会造成土壤与作物的边际效益逐步减少，机械作业难度与成本加大，而且还会因 CO_2 与 CH_4 的散逸，使水田中还原物质呈指数上升。一般而言，免耕稻草量以占本田稻草量的 1/3~1/2 为宜，160~240 千克；碎稻草翻埋还田每亩约 200 千克。小麦秆的适宜还田量（风干重）以 200~300 千克/亩为宜，玉米秆在 300~400 千克/亩为宜。只有在适量还田情况下，才能稳定地促进土壤有机质平衡，因此，秸秆还田的数量必须因地制宜。一年一作的旱地和肥力高的地块还田量可适当高些，在水田和肥力低的地块还田量可以低些。

（二）秸秆还田的模式

秸秆还田模式有直接还田、过腹还田、过圈还田、秸秆集中堆沤还田和高温造肥及厌氧消化后高效清洁的现代还田等多种模式。直接还田技术因其易被掌握，目前仍被大量应用。间接还田技术中的沤制还田、过腹还田、过圈还田在农村也普遍使用，而高温造肥及厌氧消化后高效清洁的现代还田技术还不够成熟，还有许多因素制约它的发展。

1. 秸秆直接还田

传统的秸秆直接还田，是在收获后将秸秆切成小段，人工抛撒于田间，然后翻埋还田。

（1）应用特点。一是施用量大，大多数作物的大部分秸秆都可直接还田；二是省工省本，不需花费多少劳力成本；三是方便灵活，不受时间、天气、田块、种类等因素影响，效果良好。

（2）存在问题。一是不同作物秸秆数量不一，施用数量偏多时不利于农事操作，影响耕种质量，还田数量过大或不均匀，不能及时腐烂，容易造成大量秸秆残留耕层影响下茬作物播种，或容易发生土壤微生物与作物幼苗争夺养分的矛盾，甚至出现黄苗、死苗、减产等现象；二是冬季腐烂较慢，影响作物生长。

在我国已基本实现耕作与收获机械化的今天，农作物秸秆还田主要通过农业机械来实现。机械作业还田需要配备一些专门的农业机械，一是收获机械，用于收获稻、麦、玉米等作物并留茬。二是反旋灭茬机，主要用于稻秆的还田作业，具有耕层较深、埋草效果好的特点，但消耗动力较大，一般与 55 千瓦以上的拖拉机相配套。三是水旱两用埋茬耕整机。配套功率为 36.8~73.5 千瓦的拖拉机。其在水田耕整地中应用较多，兼用于旱地秸秆粉碎还田作业。该机械可一次完成 4 项作业，包括埋茬、旋翻、起浆、平整等，作业效率高。

秸秆还田按留茬高度有两种不同还田模式：

一是高留茬还田。所谓高留茬，是指稻、麦、玉米等农作物收获后的留茬田，留茬高度占秸秆整秆长度的 1/3 以上（一般为 25~50 厘米）。稻、麦高留茬地所用的收获机械主要是全喂入联合收割机。对高留茬地，可在配施适量氮肥（一般亩施碳酸氢铵 10~15 千克）后，使用大马力拖拉机直接机械旋耕粉碎还田。

二是低留茬全量还田。所谓低留茬，一般是指用带有秸秆切碎装置的半喂入联合收割机收割后的留茬田，留茬高度一般为 10~20 厘米。随着收割、粉碎的同步进行，将碎秸秆均匀铺撒于田中，然后进行耕整还田。

目前，高留茬秸秆粉碎还田在秸秆还田中所占比率最大，占秸秆直接还田总面积的 60%左右。

机械化秸秆还田因作物对象与要求不同而不同，技术路线大体如下：一是秸秆还田数量要适中，一般以每亩 200 千克左右鲜秸秆为宜；二是不同作物、不同季节要有选择性地进行，硬秆作物宜少，软秆作物宜多，冬季作物宜少，夏季作物宜多；三是应用时段要注意，施后立即播种作物的宜少，腐烂后再种作物的可多施，农户要灵活掌握。在具体作物上要做到：

（1）小麦秸秆还田。小麦秆还田因有两种收获机具，故有两种技术路线。一是全喂入联合收割机收获，其技术路线：收获→秸秆切碎→抛撒→施肥→反转灭茬旋耕机耕作埋压还田。此技术路线要求联合收割机收割留巷≤15 厘米，秸秆切碎≤10 厘米，均匀抛撒于田里，秸秆还田机作业深度≥15 厘米。二是用带秸秆切碎装置的联合收割机收获，其技术路线：收获→施肥→反转灭茬旋耕机耕作埋压还田。实行此技术路线，要求联合收割机收割留茬≤15 厘米，秸秆切碎≤10 厘米，并均匀抛撒于田间，秸秆还田机作业深度≥15 厘米。

（2）水稻秸秆还田。稻草还田也有 2 种收获机械，因此也有 2 条技术路线。一是水稻用带秸秆切碎装置的半喂入联合收割机收获，其技术路线是：收获→施肥→反转灭茬旋耕机耕作埋压还田。二是用全喂入联合收割机高留茬割稻、秸秆切碎均匀抛撒→基肥、除草剂撒施→反旋灭茬机耕作还田（图6-3）。

图 6-3　收割机收割后抛撒还田

（3）油菜秸秆还田。用油菜收割机收获，其还田的技术路线为收获→秸秆切碎、抛撒→施肥→驱动圆盘犁耕翻埋压或反转灭茬旋耕机耕作埋压。

（4）玉米秸秆还田。用玉米收获机收获，其还田技术路线为：收获→秸秆切碎（用中型拖拉机牵引秸秆粉碎机将玉米秸秆粉碎两遍，成5~10厘米小段）、撒抛→按秸秆干重的1%喷施氮肥或粪水使玉米秸秆淋湿→用大中型拖拉机翻耕或旋耕，将秸秆翻入耕层。如遇到酸性土壤，还应适当施撒石灰以中和有机酸并促进分解。

（5）马铃薯茎叶还田。马铃薯茎叶（秸秆）还田要采用马铃薯杀秧机在收获马铃薯块茎前先进行预处理，再用马铃薯收获机收获马铃薯块茎后。具体可参照油菜秸秆还田的技术路线进行反转灭茬旋耕机耕作埋压。

2. 小麦、油菜田覆盖稻草还田

秸秆覆盖还田，是指农作物生长至一定时期（如小麦起身拔节、夏玉米拔节前、夏大豆分枝始花期等）时，于作物行间铺施秸秆或秸秆的粉碎物（如糠渣），做到草不成堆，地不露土等（图6-4）。

经过作物的大部分生长期后，草变酥发脆，用手轻轻一拧即可使其散碎。小麦、油菜收后翻耕入土，不仅可以起到养地增肥，而且在干旱地区还能起到防止水土流失和抗旱保墒作用。秸秆覆盖还田的数量因作物而异，晚稻草还田（冬作田）、麦田免耕盖草一般为150~300千克/亩，冬绿肥田盖草100~200千克/亩。

秸秆覆盖现已成为干旱、半干旱地区农业增产增收的重要技术措施。

3. 墒沟埋草还田

秸秆埋沟是指将小麦、水稻等农作物秸秆埋入农田墒沟，通过调节碳氮比、接种微生物（菌剂）、水沤及农艺活动，加快秸秆腐解，产出优质有机肥，并就地利用的技术方法（图6-5）。实施这一技术时要注意以下几点要求：

（1）适宜的还田量和周期。秸秆还田量既要能够维持和

图 6-4　稻草切碎覆盖还田

图 6-5　墒沟埋草还田

逐步提高土壤有机质含量，又要适可而止，以本田秸秆还田为宜。为避免田块在同一点面上秸秆重复还田，要每隔一年，将埋草的墒沟顺次移动 20~25 厘米，保证 4~5 年完成一个稻秆还田周期。

（2）适宜的填草和覆土时间。墒沟埋草还田要尽量做到边收割边耕埋。刚刚收获的秸秆含水较多，及时耕埋有利于腐解。墒沟填放秸秆后，要及时镇压覆土，以消除秸秆造成的土壤架空。

（3）埋草深度和旋耕深度。麦秆填埋深度 20 厘米左右为宜。实行机械作业时，要掌握开沟机开沟深度 20~25 厘米，旋耕机耕深 7~10 厘米，以满足小麦秸秆沟埋的需要。

（4）合理施用氮肥。微生物在分解作物秸秆时，自身需要吸收一定量的氮素，因此机械墒沟埋草还田时一定要补充氮肥。一般每 100 千克秸秆以掺入 1 千克左右的纯氮为宜。

（5）调控土壤水分。为避免秸秆腐烂过程中产生过多的有机酸，应浅水勤灌，干湿交替，在保持土壤湿润的条件下，力争改善土壤通气状况。

4. 创新农作制度间接还田

（1）前作翻耕后直接作为后作的肥料。江南一带最典型、最传统的就是种植绿肥，包括紫云英和苜蓿（黄花草籽），然后在春季成熟前全量或部分收割后大量翻耕入田，腐烂后作为后作的底肥直接还田。一般情况下，紫云英作为早稻的底肥，苜蓿作为旱地作物，如柑橘、棉花等的底肥，数量足，方法简单，肥效明显。在品种选择上，目前紫云英多用“大桥种”“姜山种”；苜蓿大多用“紫花苜蓿”。

（2）间作套种。在收获季节上时间相近或相邻的两种作物，前后或相同时间按比例相隔种植在一起，一般是矮秆作物与高秆作物相搭配。稍早收获的作物秸秆还田留作另一作物的覆盖物。腐烂后既可作为肥料，又可防止杂草滋生、保持土壤墒情。也可选择喜光作物与喜阴作物相搭配。如玉米与大豆间作，大豆稍早些，其收获后豆秆还田作为玉米的覆盖物；低龄果园套种豆类、薯类作物等，收获后将秸秆直接烂于田中作为肥料，覆盖保墒，防止杂草丛生。

（3）茬口搭配。即前后茬作物之间的搭配种植。一般是前作收获后的秸秆全部或部分作为后茬作物的覆盖物。如“晚稻—马铃薯”“棉花—豌豆”“大小麦—西瓜”等种植模式。晚稻收获后的稻草全部或部分作为马铃薯免耕栽培的覆盖物，待马铃薯收获时，稻草也基本上腐烂了；棉花收获后棉秆原地不动，在其行间免耕套种豌豆，待豌豆长高时，滕蔓直接爬上棉秆，棉花就是豌豆的攀附作物，这样可节省许多劳动用工；大小麦地套种露地西瓜的，大小麦收获时只割去上部麦秆，基部留于田中，作为后茬西瓜田的覆盖物，西瓜藤蔓爬上麦秆后，所长的西瓜其瓜型圆润美观、表皮清洁干净，麦秆腐烂后也是西瓜的优质有机肥。

（三）秸秆还田注意要点

1. 确定适宜的翻压覆盖时间

最好是边收边耕埋，加快秸秆分解速度。浙江双季稻地区，多采用早稻草原位直接还田，在早稻脱粒后即将稻草撒匀翻埋还田；麦田免耕覆盖，在播种至四叶期进行，以播后覆盖最为普遍；冬绿肥田盖草宜在晚稻收割后立即进行。

2. 配备好农业机械

农机配备与使用是制约秸秆还田的重要因素，翻压和粉碎都离不开农机具。因此，根据当地实际情况和需要，选择好适宜的农机种类、型号，确定合理的搭配数量十分重要。

3. 选择适宜的翻压深度和粉碎程度

南方稻草翻压还田主要是用早稻草还于晚稻田，选用大中型拖拉机或 8. 8 千瓦手扶拖拉机配旋耕机、切脱机进行还田作业。犁耕或旋耕深度一般在18~42厘米，多数控制在22~27厘米。粉碎程度，在手工操作时一般是将稻草切一刀或二刀以成15~20厘米的碎段还田，使用机械作业时则多掌握在5~10厘米为宜。还田数量不宜过多也不能太少，过多会影响下茬作物播种质量，过少则效果不大。

4. 调控土壤水分

秸秆分解依靠的是土壤中的微生物，而微生物生长繁殖要有合适的土壤水分。秸秆还田田间土壤含水量以田间持水量的60%~70%时为宜，最适于秸秆腐烂。如果水分太多，处于淹水状态，翻压秸秆，容易在淹水还原状态下产生甲烷、硫化氢等还原气体，因此未改良的低洼渍涝田、烂泥田、冷浸田不宜进行秸秆还田。对进行了秸秆还田的田块也要注意水分管理，稻田要浅灌勤灌，适时搁田。旱作也要注意调节水分。

5. 合理配施氮磷钾等肥料

农作物秸秆碳氮比值较大，一般为（60~100）：1，同时，土壤微生物在分解作物秸秆时，也需要从土壤中吸收大量的氮，才能完成腐化分解过程。因此在秸秆还田时，需要合理地配施适量氮磷钾肥，一般以每100千克秸秆加施10千克碳酸氢铵。缺磷和缺硫的土壤还应补施适量的磷肥和硫肥。

6. 注意病虫草害传播与防治

带有病菌的秸秆应运出处理，不应还田，如患有纹枯病、稻瘟病、白叶枯病等病害的稻草都不能还田。有二化螟、三化螟发生的田块、稻桩应深翻入土。杂草与作物争水、争肥、争光，侵占地上部和地下部空间，影响作物光合作用，降低作物产量和品质，杂草还是病虫害的中间寄主，因此在采用秸秆还田的同时，应加强对杂草的防治。南方麦田覆盖秸秆前，应先用60%丁草胺乳油100克，对水75千克，进行喷雾灭草。

二、利用秸秆制作堆肥

利用秸秆并辅以其他材料，如落叶、野草、水草、绿肥、草炭、垃圾、河泥、塘泥、人畜粪尿等各种有机废弃物，通过堆制可以制成农村常用的一种有机肥料——堆肥（图 6-6）。据考证：我国从明、清时期开始，就已有应用堆肥的记载，1591 年《袁黄宝氏劝农书》中的“蒸粪法”，即相当于现在的堆肥。此书中指出：蒸粪是在农村空地上筑置茅屋，屋檐必须要低，使它能遮蔽风雨。凡灰土、垃圾、糠秕、秸秆、落叶等都可以堆积在里面，随即把粪堆覆盖起来，闭门上栓，使堆积物在屋内发热腐烂成粪。冬季为了保温可以挖坑堆积，夏季则可使用平地堆积。

图 6-6　秸秆堆肥

（一）堆肥的制作

1. 材料

秸秆是堆肥的主体原料，但同时要辅以促进分解的物质，如人畜粪尿或化学氮肥、污水、蚕砂、老堆肥及草木灰、石灰等，以及一些吸收性强的物质如泥炭、黏土及少量的过磷酸钙或磷矿粉等，以防止和减少氨的挥发，提高堆肥的肥效。

2. 堆肥腐熟原理

堆肥的腐熟包括堆制材料的矿质化和腐殖质化两个过程。初期以矿质化为主，后期则为腐殖质化占优势。具体可分为以下几个阶段：

（1）发热阶段。常温至50℃左右，一般需6~7天，一些菌类等中温性微生物，分解蛋白质和纤维素、半纤维素，同时放出NH_3、CO_2和热量。

（2）高温阶段。堆温升至50~70℃，一般只需3天。此阶段主要是分解半纤维素、纤维素等，同时也开始进行腐殖质的合成。

（3）降温阶段。从高温降到50℃以下，一般10天左右，此时秸秆制肥过程基本完成。秸秆肥腐熟的标志是：① 秸秆变成褐色或黑褐色，湿时用手握之柔软有弹性，干时很脆容易破碎；② 发酵充分或者反应剧烈的话，可闻到酸气。

（4）后熟保肥阶段。此阶段堆肥中C/N比减少，腐殖质数量逐渐增加，秸秆肥料可以投入施用。但要做好保肥工作，否则易造成氨的大量挥发。

（二）影响堆肥腐熟的因素

微生物的好氧分解是堆肥腐熟的重要保证，凡是影响微生物活动的因素都会影响堆肥腐熟的效果。主要包括：水分、空气、温度、堆肥材料的C/N比和酸碱度（pH值），其中，堆肥材料的C/N比是影响腐熟程度的关键。

1. 有机质含量

有机质含量要适宜。有机质含量低的物质发酵过程中所产生的热将不足以维持堆肥所需要的温度，而且产生的堆肥肥效低；但有机质含量过高，又将给通风供氧带来影响，从而产生厌氧和发臭；堆肥中最合适的有机物含量为20%~80%。

2. 碳氮比

一般认为微生物活动所需的碳氮比（C/N）为25∶1，即菌体同化1份氮时需消耗25份碳，其中5份碳与1份左右的氮构成菌体，约20份碳用于呼吸作用的能量消耗。当碳氮比过高，C/N>25时，碳多氮乏，微生物的发展受到限制，有机物的分解速度就慢、发酵过程就长。容易导致成品堆肥的碳氮比过高，这样堆肥施入土壤后，将夺取土壤中的氮素，陷入“氮饥饿”状态，影响作物生长；反之，如氮不足，C/N<25时，碳少氮剩，则氮将变成氨态氮而挥发，导致氮元素损失而降低肥效，分解慢，氨损失。

3. 水分

在堆肥过程中，适宜的含水量为堆肥材料最大持水量的60%~70%，水分超过70%，温度难以上升，分解速度明显降低。因为水分过多，使堆肥物质粒子间充满水，有碍于通风，从而造成厌氧状态，不利于好氧微生物生长并产生H_2S等恶臭气体。水分低于60%，则不能满足微生物生长需要，有机物难以分解。

4. 温度

堆体温度应掌握前低、中高、后降的原则。不能太高，最高50~70℃。这是因为温度的作用主要是影响微生物的生长。高温菌对有机物的降解效率高于中温菌，快速高温好氧堆肥技术正是利用这一点。初堆肥时，堆体温度一般与环境温度相一致，经过中温菌1~2天的作用，堆肥温度便能达到高温菌的理想温度50~65℃，在这样的高温下，一般堆肥只要5~6天，即可达到无害化。堆温过低会延长腐熟的时间，而过高的堆温（>70℃）将对堆肥微生物产生有害的影响。外界环境温度过低时，要考虑覆盖保温、接种热源。

5. 碳磷比

一般要求堆肥的碳磷比（C/P）在（75~150）∶1 为宜。增加无机磷（包括易溶和难溶磷肥）主要目的是通过堆肥使无机磷转化为有机磷或磷酸根，通过金属元素（如 Ca 或 Fe）与有机酸如腐殖质酸形成三元复合体，达到减少磷肥直接施用造成的土壤固定作用；难溶磷肥（磷矿粉）可通过堆肥过程达到提高溶解度的目的。

6. pH 值

一般微生物最适宜的 pH 值是中性或弱碱性，pH 值不能>8 或<5.3。pH 值太高或太低都会使堆肥处理遇到困难。在堆肥初始阶段，由于有机酸的生成，pH 值下降（可降至 5.0），如果废物堆肥成厌氧状态，则 pH 值继续下降。此外，pH 值也会影响氮的损失。一般情况下，堆肥过程有足够的缓冲作用，能使 pH 值稳定在可保证好氧分解的酸碱度水平。

（三）堆肥的施用与效果

堆肥是一种含有机质和各种营养物质的完全肥料，长期施用堆肥可以起到培肥改土的作用。堆肥属于热性肥料，一般多用作基肥。

在具体施用时，堆肥应视不同土壤，采用不同的施用方法，如在黏重土壤上应施用完全腐熟的堆肥，砂质土壤则施用中等腐熟的堆肥。施用堆肥不仅能提供给作物多种养分，而且能大量增加土壤有机质，补充土壤大量的微生物类群，因而施用堆肥，能提高土壤肥力，增加 N、P、K 养分，提高保水性、透水性，增加空隙度。

三、利用秸秆制造沤肥

利用秸秆制造沤肥，是秸秆肥料化利用的方式之一。在我国南方平原水网地区，历来就有堆制沤肥的习惯；在北方有水源的地方或在雨季，利用秸秆制作沤肥也不罕见。

（一）沤肥堆制历史

堆制沤肥还田，主要是将秸秆和稻草等物质堆肥发酵腐熟后施入土壤中。在我国，沤肥的历史至今已有800余年。据古代文献记载，我国沤肥始于公元12世纪的南宋。虽然当时没有明确地提出沤肥这一名称，但在事实上已经开始应用。1630年明代《国脉民天》里又记载了“酿粪法”，它是宋代沤肥方法的发展与改进。酿粪是在宅旁前后的空地上，建置土墙草屋并挖坑，用鱼腥水沤制青草和各种有机废物。因此，酿粪法更加接近于当今我国南方农家惯用的沤肥。

由于沤肥沤制的场所、时期、材料和方法上的差异，各地名称不一。江苏叫“草塘泥”，湖南、湖北、广西壮族自治区叫“凼肥”，江西、安徽叫“窖肥”，华北叫“坑肥”，河南叫“汤肥”等。秸秆堆肥后使得木质素降低，促进土壤对营养物质的吸收，改善土壤理化性质。以前农村比较普遍，因为肥料种类少，不得不这样做，这是重要的肥源；现在应用较少，原因是堆沤劳动强度大、时间长，农民不愿采用，一般可选择在夏季，腐烂快速、转运方便、就近进行。

（二）沤肥堆制方法

利用秸秆堆制沤肥，实际上就是在兼气条件下进行腐解，在沤制过程中养分损失少，肥料质量高。但沤肥腐熟的时间要比堆肥长。目前，此项技术的常有操作方法是：先挖好一个深度≥1.5米的坑，坑的大小、形状应根据场地和秸秆材料量的多少灵活掌握。挖坑完成后，将坑底夯实，先铺一层厚30厘米左右未切碎的稻秆、麦秆或玉米秸秆，加施适量水分，调节好含水量。然后将秸秆全部粉碎成10厘米左右小段后堆成20厘米厚的草堆，并向堆上泼洒秸秆腐熟剂、人畜粪（可用尿素或碳酸氢铵代替）水液，然后再堆第二层，以此类推，逐层撒铺，共堆 10 层左右、堆层高出地面 1 米左右，然后用土将肥堆覆盖或加盖黑塑料膜封严沤制。

秸秆堆沤温度应控制在 50～60℃，最高不宜超过 70℃。堆沤湿度以 60%～70%为宜，即用手捏混合物，以手湿并见有水挤出为适度，秸秆过干要补充水分。在夏季、秋季多雨高温时期，一般堆腐时间 5～7 天，即可作为底肥施用。

堆沤中每吨秸秆腐熟剂总用量为 2 千克，人畜粪总用量为 100～200 千克（可用尿素 5 千克或碳酸氢铵 20 千克加水代替）。秸秆腐熟剂由主要物料+辅料+生物菌配置而成，可向有关生物技术公司购买，有条件的也可自己配置。主要物料为畜禽粪便、果渣、蘑菇渣、酒糟、糠醛渣、茶渣、污泥等大宗物料，果渣、糠醛渣等酸度高，应提前用生石灰调至 pH 值 7.0 左右。辅料为米糠、锯末、饼粕粉、秸秆粉等，干燥、粉状、高碳即可；生物菌主要由细菌、真菌复合而成，互不拮抗，协同作用。有效活菌数在 200 亿个/克以上。

四、秸秆制沼还田

秸秆可用于发酵，产生沼气作为能源应用。同时，秸秆制沼以后产生的副产品——沼渣与沼液，又是很好的有机肥料。

近年来，各地逐步在推行的高温发酵仓技术，实际上这是一种新型的秸秆制沼还田方式，是基于农村废弃物厌氧发酵的农业循环利用系统。它主要由太阳能发酵房和厌氧发酵池两大部分组成。其原理是秸秆经粉碎机粉碎后进入太阳能发酵房，固体废弃物在发酵仓中堆沤发酵，渗滤液经由管道到达厌氧池厌氧处理，厌氧产生的沼气净化后用于发电。根据作者在宁海国盛果蔬专业合作社农田的试验处理（表 6-4），不同作物秸秆废弃物在自然条件下腐烂和发酵仓中腐烂所用时间对比，效果完全不同。

表 6-4　不同作物发酵仓腐烂与自然腐烂所用时间对比

（单位：天）

作物	试验月份	自然腐烂	发酵仓腐烂
西兰花	12	48	36
松花菜	11	45	34
柑橘残渣	10	3 个月以上	52

高温发酵仓技术高效、环保，设备简单易操作，但也存在着缺陷。一是受地域影响，一般适合规模生产基地就近区域应用；二是受天气季节影响，晴天效果佳，阴雨天效果差，夏季效果明显好于冬季；三是受作物影响，只局限应用于少数作物。如对蔬菜、柑橘等作物秸秆废弃物进行处理时会产生大量酸性物质，不利于发酵进行，为调节发酵仓酸碱度，大量石灰或氢氧化钠使用也会增加成本。目前，已有人对发酵仓进行改良，在发酵仓底部加入鼓风设备鼓入热气，可加速阴雨天或冬天的发酵速度。

五、秸秆快腐剂与生物反应堆应用

（一）秸秆快腐剂应用

秸秆快速腐熟剂是在堆沤的基础上，利用有机物的微生物代谢分解原理，增加细菌数量，快速有效地对秸秆进行分解的一种方法。一般的秸秆腐熟剂是由不同的微生物组成，包括酵母菌、霉菌、细菌和芽孢杆菌等。这些微生物能够将秸秆作为自己新陈代谢的原料和能源，转化成植物生长所需的有机物以及氮、磷、钾等大量元素和钙、镁、锰、硼等微量元素，从而促进植物的生长。根据堆腐过程中堆温变化可将其分为 4 个阶段。

1. 升温阶段（堆沤初期）

堆温由常温升到 50℃左右，夏秋仅需 1～2 天，该阶段与稻秆的新鲜程度及含水量有关。这个阶段中温性微生物分解秸秆中被水淋溶下来的有机物，并放出热量，使堆温升高到30℃以上，营造高温微生物的生长繁殖条件。

2. 高温阶段

堆温从50℃上升到65~70℃。除前一阶段未完全分解完且易被分解的有机质继续分解外，主要是以高温性微生物分解纤维素、半纤维素、果胶等，与此同时堆内进行与有机质分解相对立的腐殖化过程，形成少量黑色的腐殖质。当高温持续一段时间后，纤维素、半纤维素、果胶已大多分解，只剩下难以分解的复杂成分（木质素和新形成的腐殖质）。这一阶段是优质堆腐的核心，一般历时10~15天。

3. 降温阶段

高温微生物的生命活动减弱，产生的热量减少，温度逐渐下降。中温性微生物代替了热性微生物，堆温由50℃下降至40℃左右，历时约10天。

4. 腐熟保肥阶段

堆温继续下降到30℃左右，堆肥物质进一步缓慢腐解，成为与土壤腐殖质十分相近的物质。

与传统发酵法相比，利用秸秆快腐剂堆腐的肥料营养成分更高一些，其中有机质含量能够达到60%，有效养分相当于一般土杂肥的2~3倍；其次，腐熟剂中的一些细菌，能够有效地将秸秆中的磷、钾等成分转化为植物需要的养分形式，从而有利于植物吸收；再次，通过整个发酵过程，能够降低土壤中致病细菌的含量，减少农作物病害发生比例。在堆肥过程中的高温阶段能够将许多致病菌和杂草种子杀死。另外，利用腐熟剂对秸秆进行堆肥，还能够刺激作物的生长，使作物生长更加茁壮，根系更加发达。

根据作者近年来对水稻、小麦等作物的试验研究，使用秸秆快腐剂能加速作物秸秆腐烂，但不同作物的秸秆腐烂进度表现不同（表6-5），其中，在早稻、蚕豆上效果最为明显，腐烂时间分别提前了3天和4天。究其原因主要有以下几种可能：一是季节温度的影响，早稻7月收割，正值夏季气温高，微生物活性相对较大，能快速地分解有机物质；二是不同作物秸秆的化学成分不同，水稻小麦秸秆中粗纤维含量高，水分含量低，蚕豆中粗纤维含量稍低，导致其较菜叶类秸秆腐烂速度慢。值得注意的是，秸秆在田间腐烂过程中，微生物代谢需要消耗一定的氮元素和碳元素，微生物分解有机物适宜的碳氮比为25：1，而多数秸秆的碳氮比高达（70～75）：1，这就会导致微生物必须从土壤中吸取氮元素以补不足，从而造成秸秆腐烂和作物幼苗争氮的现象，因此，秸秆腐烂分解时需增施适量氮肥，这一点要值得关注。

表6-5　不同作物应用快腐剂效果对比　（单位：天）

作物	应用月份	自然腐烂	应用快腐剂腐烂
早稻	7	14	10
晚稻	11	32	24
小麦	5	22	16
蚕豆	5	10	6

（二）秸秆生物反应堆还田技术

秸秆生物反应堆技术，是指将农作物秸秆加入一定比例的水和微生物菌种、催化剂等原料，使之发酵分解产生CO_2并通过构造简易的CO_2交换机（或靠扩散释放）对农作物进行气体施肥，满足农作物对CO_2需求的一项技术。此技术不仅能够“补气”（增加CO_2），而且可有效增加土壤有机质和养分，提高地温，抑制病虫害，减少化肥农药使用量。该技术方便简单，运行成本低廉，增产增收效果显著，适用于从事温室大棚瓜果、蔬菜等经济作物生产的农户应用。

六、果枝制作基质

在城市公园、道路两侧，因绿化养护及果园整枝修剪而产生的剪枝、间伐材、草坪叶和秋季落叶等有机废弃物，主要成分是可溶性糖类、淀粉、纤维素、半纤维素、果胶质、木质素、脂肪、蜡质、磷脂以及蛋白质等，木质含量高，不易腐烂，在处理利用时应区别对待，分 3 步加以处理。

（一）减量化、无害化处理

通过机械粉碎，使其体积缩小、木质纤维初步破坏，以解决运输难、占地大的问题，然后再进行药物消毒处理或以土掩埋。直接堆腐也可，但因其木质含量大，堆腐时间长，费时费力，养分损失，容易污染环境，不如先粉碎消毒，以达到减量化、无害化的要求。

（二）发酵处理

无害化发酵处理是处理果枝、树枝等富含木质成分的有机废弃物最核心的技术，处理时需要对温度、水分、酸碱度、配料添加比例等发酵条件进行综合调控。

（1）水分调控。木质材料发酵前用水浸透，发酵过程中，水分保持在 60%～70%。

（2）空气调控。堆积时不宜太紧，也不宜太松，料堆上要打通气孔，以保持良好的通气条件。

（3）温度调控。发酵初期，料温以达到 55～70℃高温为宜，并保持一周左右，促使高温微生物分解木质素。之后 10 天左右维持 40～50℃高温，使木质素进一步分解，促进氨化作用和养分释放。

（4）酸碱度与碳氮比调控。酸碱度保持在中性或微碱性为好；碳氮比以（25～30）：1 为宜，通过添加尿素来进行调节。

（5）营养调控。适量加入豆饼、麦麸，为微生物的活动补充营养。

（6）微生物调控。利用微生物促进发酵，微生物可选用EM菌、酵素菌、木屑菌等，用量为0.5千克/立方米。

（三）基质深加工

（1）杀菌处理。经过高温腐熟后的木质有机物在发酵过程中会产生大量的酚类和苯环类有害物质，对作物生长极为不利，故应采用化学杀菌方法予以处理。一般可用15%甲醛、杀虫剂等浸泡灭菌后晒干。

（2）基质形成。处理后的木质有机物可与一定的农家畜禽有机肥或化肥等进行混配，制成在茄果类、瓜类、叶菜类、根茎类蔬菜上应用的不同基质。

七、秸秆过腹还田

将秸秆饲喂牲畜后产生的粪尿等排泄物施入土壤，称为秸秆牲畜过腹还田。采用过腹还田方式处理秸秆，不仅能满足了牲畜的部分饲料需求，并且可以通过动物对秸秆的消化使其转化为有机肥，因此，过腹还田既有利于畜牧业发展，又可改善农田养分状况，形成秸秆在家畜和农田之间的循环利用，是一种发展农业循环经济的有效方式。

第三节　农作物秸秆能源化利用

随着石化能源的日趋枯竭和经济社会发展中能源短缺矛盾的日益突出，国家从“六五”末就开始组织对秸秆的能源化利用进行了研究和攻关，现已取得较大进展。

一、秸秆气化集中供气技术

秸秆气化集中供气技术，是我国农村能源建设推出的一项新技术。它是以农村丰富的秸秆为原料，通过燃烧和热解气化反应转换成为气体燃料，在净化器中除去灰尘和焦油等杂质，由风机送入气柜，再通过铺设在地下的网管输送到系统中的每一用户，供炊事、采暖燃用，使用方便（图6-7）。

图 6-7　秸秆气化设施

我国从“七五”期间开始对这项技术进行科研攻关，“八五”期间由国家科委、农业部在山东省等地进行试点，先后研制出3种形式的气化炉：上吸式、下吸式、层式下吸式，然而研究的步伐远落后于发达国家。目前，我国在生物质热分解气化研究上已取得较大发展，从单一固定床气化炉到流化床、循环流化床、双循环流化床和氧化气化流化床；由低热值气化装置到中热值气化装置；由户用燃气炉到工业烘干、集中供气和发电系统等工程应用。我国已建立了各种类型的试验示范系统，目前低热值秸秆气化效率在70%左右，其自行研究开发的气化集中供气技术在国际上已处于领先地位，有的应用设备已开始商业运作。例如：山东省能源所成功地研制成XFL系列型生物气化机组及集中供气系统，被列入“星火”示范工程；江苏省吴江市生产的稻壳气化炉，用碾米厂的下脚料气化后进行发电，其发电机组达160千瓦。生产低热值燃气的固定床、流化床生物质气化装置也相继研制成功，并开始投放市场，如在山东省、河北省等地，XD型、XFF型、GMQ型等下吸式气化器已用于燃气供热和农村集中供生活用燃气；已有100多套容量为60~240千瓦的稻壳气化发电机组投入运行，生物质燃气发电机组也已开发成功。这些气化装置的特点是操作比较简单，但燃气热值一般在5兆焦/立方米左右。生产中热值煤气气化设备的研制也取得初步成果，如热载体循环的木屑气化装置获得了11兆焦/立方米以上的煤气，单产达到1.0标准立方米/千克左右；固定床式干馏气化产气量达到330立方米/天，煤气转化率在40%左右。进入20世纪90年代后，为进一步推广应用，国内一些高等院校和科研院所在生物质热解特性、焦油裂解、煤气净化等方面又做了大量应用研究，取得不少成果，技术逐步趋向成熟。1996年，我国秸秆气化技术开始全面推广应用。在发达国家特别是西欧和美国，这一技术不仅已经普遍推广，而且也形成了较大的产业规模。

秸秆气化所形成的可燃气体，是一种混合燃气，据北京市燃气及燃气用具产品质量监督检验站2000年检验：可燃气体中含氢15.27%、氧3.12%、氮56.22%、甲烷1.57%、一氧化碳9.76%、二氧化碳13.75%、乙烯0.10%、乙烷0.13%、丙烷0.03%、丙烯0.05%。

（一）秸秆类生物质气化集中供气工程

由燃气发生炉机组、储气柜、输气管网、用户燃气设备4

部分组成。

1. 燃气发生炉机组

燃气发生炉机组主要采用技术成熟的固定床气化炉。机组由5个部分组成。

（1）原料粉碎、送料部分。原料经过粉碎达到要求后，经上料机送入气化炉。

（2）原料气化部分。粉碎后的秸秆原料，在气化炉内进行收控燃烧和还原反应，产生燃气。

（3）燃气净化系统。该系统由气体降温、水净化处理、焦油分离3个部分组成，净化处理后的污水进入净化池，经沉淀净化处理后，返回机组重新使用，不外排。

（4）气水分离部分。用风机将燃气送入储气柜，焦油送入焦油分离器。

（5）水封器部分。水封器的功能是防止进入气柜的燃气回流。

2. 储气柜

净化后的燃气即时送入储气柜，储气柜的作用主要是储存燃气，调节用气量，保持气柜恒定压力，使燃气炉灶供气稳定。储气柜有气袋式、全钢柜、半地下钢柜等多种结构，可根据具体情况选择使用。

3. 管网

由管道组成的管网，是将燃气送往用户的运输工具。分为干管、支管、用户引入管、室内管道等。燃气管网属于低压管网，管道压力不大于400帕。

4. 用户燃气设备

如家用燃气灶、燃气热水炉、压缩机、热水锅炉等。

（二）工艺流程

秸秆类生物质气化集中供气工程工艺流程如图6-8所示。

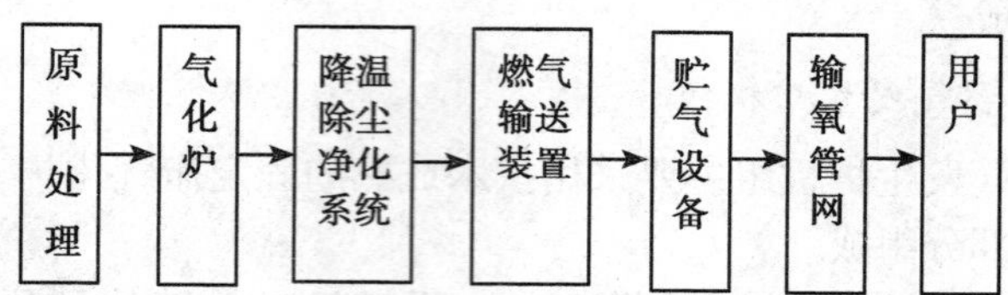

图 6-8　气化集中供气工程工艺流程

燃气中的主要气体成分及气化器性能，据张瑞华（辽宁省环境科学研究院）提供的测定资料，如表 6-6 所列。

国内如山东省，农村秸秆集中供气系统目前已得到较大的推广应用，建成供气工程约 300 家，总投资额达亿元以上；其他省份也已有几十家单位从事农村秸秆集中供气装置的生产、销售。秸秆气化集中供气技术以农村大量的各种秸秆为主要气化原料，以集中供气的方式向农民提供炊事燃气或烘干粮食的热能。

表 6-6　燃气中的主要气体成分及气化器性能

生物质品种	玉米芯	棉秆	玉米秸	小麦稻秆
CO_2	12. 5	11. 6	13. 0	14. 0
O_2	1. 4	1. 5	1. 6	1. 7
燃气成分 CO	22. 5	22. 7	21. 4	17. 6
H_2	12. 3	11. 5	12. 2	8. 5
CH_4	2. 32	1. 92	1. 87	1. 36
低位热值（kJ/m^3）	5 302	5 585	5 328	3 664
产气量（m^3/h）	135	109	116	113
输出热量（kJ/h）	716	609	618	414
气化效率（%）	77	78	74	73
产气率（N m^3/kg）	2. 3	1. 9	1. 9	2. 5
气化强度［MJ/（m^2 · h）］	5 176	4 402	4 469	2 993
速度（m/s）	0. 271	0. 49	0. 233	0. 215

（1）我国大量推广应用的农村秸秆集中供气系统，都是以空气介质生产的低热值生物质燃气。这种燃气中的可燃成分以 CO 为主，其含量超过国家规定的民用燃气标准，特别是农村，农民文化科技素质较低，用这种燃气做炊事用气，存在着较大安全隐患。

（2）由于燃气值低，燃烧后的废气对环境污染较大。送气管道在使用工程中，焦油清除不净，很容易被堵塞；生产过程中脱离出来的焦油数量少，难以再回收利用，如果排放出来，会造成环境污染。

二、秸秆固化

（一）秸秆固化技术进展

秸秆固化技术即秸秆固化成型燃料生产技术，是指在一定条件下，将松散细碎的、具有一定粒度的秸秆挤压成质地致密、形状规则的棒状、块状或粒状物的加工工艺，又称秸秆固化成型、秸秆压缩成型或秸秆致密成型。秸秆固化成型技术按生产工艺分为黏结成型、热压缩成型和压缩颗粒燃料，可制成棒状、块状、颗粒状等（图 6-9）。

秸秆固化技术的研究，国外起步于 20 世纪 30 年代，美国和日本最先开发研制了秸秆固化成型的机械和设备。1945 年，日本推出螺杆挤压式固化成型设备；1983 年，日本从美国引进生物质颗粒成型燃料技术；1987 年美国建立了十几个生物质颗粒成型燃料厂，年生产能力达到十几万吨，同年日本也有几十家企业将生物质固化成型燃料投入产业化生产；20 世纪 80 年代，泰国、越南、印度、菲律宾等国家也研制出一些适合本国国情的农作物秸秆及生物质固化设备，建立了一些专业生产厂。

我国对秸秆固化成型技术的研究是从“七五”期间开始的，“八五”期间，全国有数十家大专院校、科研院所、国有

图 6-9 生产秸秆固化燃料

和民营企业投入研究，如中国农机院能源动力所、辽宁能源所、中国农业工程研究设计院等，对生物质冲压技术及装置，挤压式压块技术及装置，烘烤技术及装置，多功能炉技术进行了攻关研究，解决了生物质致密成型关键技术。成型设备主要有活塞冲压式、螺旋挤压式、环模滚压式等几种类型。采用螺旋挤压式，生产能力多在 100~200 千克/时，电机功率 7.5~18 千瓦，电加热功率 2~14 千瓦，单位产品电耗为 70~120 千瓦·时/吨，加工成型的燃料为棒状，直径 50~70 毫米。

随着炭化技术研究成果的出现，我国在生物质成型技术上取得了可喜的成绩，并由生活燃料为主转向了工业化应用，在供暖、干燥、发电等领域普遍推广。西北农林科技大学已经研制出 JX7.5 JX11 和 SZJ80A 三种植物燃料成型机。全国 40 多个中小型企业也开展了生物质成型这方面的工作，如江苏省句容县石狮成型燃料厂，拥有 MD 两台、干燥设备一套，年产量 960 吨，产品价格 200 元/吨，年利润 2.338 万元；湖南省新晃县步头降乡实验厂，有 C1001 型碳化设备，年产量 396 吨，年利润 2.47 万元，产品价格 400 元/吨；辽宁省沈阳郊区机制木炭厂，有 2 台成型机，3 台炭化炉，年产量为 300 吨，产品价格 1 700元/吨，年利润 26.65 万元等等。我国农作物秸秆固化成型燃料和饲料的生产技术已基本成熟。

秸秆固化成型燃料性能优于木材，既保留秸秆原先所具有的易燃、无污染等优良燃烧性能，又具有耐烧特性，且便于运输、销售和贮存。此外，秸秆固化成型燃料由于取自自然状态的原料，不含易裂变、爆炸等化学物质，因此不会像其他能源那样，发生中毒、爆炸、泄漏等事故。秸秆固化成型燃料既可以作为优质替代燃料供锅炉、采暖炉、茶水炉及炊事等使用，又可用作工农业生产燃料，也可用于替代燃煤发电，还可经过进一步深加工，用于生产人工木炭、活性炭等高附加值产品。

（二）秸秆固化工艺流程

秸秆固化工艺流程是：秸秆收集→干燥→粉碎→成型→成品→燃烧→供热。

（三）秸秆固化热压致密成型机理

主要是木质素起胶粘剂的作用。木质素在植物组织中有增强细胞壁和粘合纤维的功能，属非晶体，有软化点，当温度在 70~110℃时黏合力开始增加，在 200~300℃时发生软化、液化。此时，再加以一定的压力，维持一定的热压滞留时间，可使木质素与纤维致密粘接，加压后固化成型。粉碎的生物质颗粒互相交织，增加了成型强度。

目前，可供推广使用的压制成型机械主要有螺旋挤压式、活塞冲压式和环模滚压式等几种类型。此外，固化了的成型燃料还可使用碳化炉对其进行深加工，制成机械强度更高的“生物煤”“秸秆煤”。

三、秸秆制沼工艺

秸秆制沼技术，是一种以农作物秸秆为主要发酵原料生产沼气的新技术。秸秆发酵所产生的沼气中可燃甲烷气高达50%~70%，在稍高于常温的状态下，利用PVC管进行传输，作为农家烹饪、照明、果品保鲜等能源。利用秸秆制沼，原料充足，生态环保，产气率高，供气周期长，是解决常规制沼粪源不足、使用率低及秸秆污染的有效途径。

秸秆制沼的技术要点如下。

（一）选用池型，按图施工

制沼池型应根据制沼的原料决定，经各地试验，适合秸秆制沼的池型以两步发酵多功能沼气池最为理想，该池型的特点是将产生沼气的过程分成两个池来完成，先酸化，后产气。

两步发酵多功能沼气池的优点是：① 管理使用方便；② 产气率高，在原料充足，发酵正常的情况下，产气率比常规池要高2倍以上；③ 可自动完成搅拌、破壳，能避免表面结壳和底层沉淀的现象；④ 占地面积小；⑤ 产酸池料温高，产气池微生物降解秸秆、转化甲烷速度快。

（二）备足原辅材料

首先，要选择无蜡质、无光泽、存放一年以上的稻秆、麦秆、玉米秆为原料，这种秸秆吸肥吸水快、腐化时间短。据试验，在35℃条件下水稻、小麦、玉米秆每千克干物质的产气量分别为0.5立方米和0.45立方米，在20℃条件下每千克干物质的产气量为35℃条件下的60%。建设一个8立方米沼气池约需秸秆400千克、碳酸氢铵15千克（或尿素6千克）、生物菌种1千克、水450千克。如是10立方米沼气池需备秸秆500千克、碳酸氢铵16千克（或尿素6.5千克）、生物菌种1.2千克、水500千克。

（三）搞好秸秆预处理

先将秸秆在铡草机上铡成 5~10 厘米，或用粉碎机将秸秆粉碎成 1~3 厘米的碎片。每立方米沼气池需备处理后的秸秆 50~55 千克。秸秆铡短后，放入酸化池，边放边加水，混合均匀，湿润堆沤 24 小时后，加入对水后的碳酸氢铵（或尿素）、生物菌种，泼在湿润的秸秆上，翻动秸秆，使之混合均匀，最终使秸秆含水率达到 55%~70%，即以用手捏紧秸秆有少量的水滴下为宜。

如用新鲜稻草为原料，要先经机械揉搓，使秸秆中的纤维素、半纤维素、木质素的镶嵌结构受到破坏，有利于生物菌种的侵蚀渗透。

完成上述处理后，可在酸化池中对秸秆进行堆沤，堆沤时要在堆垛的四周及顶部每隔 30~50 厘米打 1 个孔，以利于通气，并用塑料薄膜覆盖严密，若气温低应加盖草苫保温，堆沤 7~8 天，待秸秆长出白色菌丝，堆沤酸化成功。

（四）将酸化后的秸秆放入产气池

将长出白色菌丝已完成酸化的秸秆，移入预先建造好的沼气池（产气池）中。秸秆移入前要将碳酸氢铵 10~12.5 千克溶于水中，然后与接种物、处理好的秸秆一起混合均匀填入沼气池中，再注水淹没秸秆。据试验，淹没的程度以达到主池容积的 90%、补水至密封口 60~70 厘米的距离为度，然后加盖封池。在沼气发酵启动排放初期，不能放气试火。

（五）放气试火

当水表压力达到 20 厘米水柱以上时，进行 1~2 天放废气后才能进行试火。试火成功后，启动即告完成。

（六）日常管理

秸秆沼气池使用 2~3 个月，气压有所下降时，要及时进行循环搅拌，时间约 0.5 小时。同时，每隔 15~20 天，可补充少量的人畜粪尿，保证正常使用。若前期火苗太小，可适当再加入 10 千克碳酸氢铵，调节碳氮比。秸秆沼气池使用时间为 8 个月左右，因此应按时进行换料。大换料要求池温在 15℃以上的季节进行，低温季节不宜进行大换料。大换料时应注意：① 大换料前 10 天应停止进料。② 要准备好足够的新料，待出料后立即重新进行启动。③ 出料时尽量做到清除残渣，保留细碎活性污泥，留下 10%~30%的活性污泥为主的料液做接种物。

第七章　农业生产资料废弃物综合利用

从经济性和环保两方面考虑，废旧地膜的资源化再利用是实现可持续发展的重要途径。目前，废旧地膜的处理主要有以下五种途径：重复使用、回收再生、就地掩埋、集中填埋以及作为燃料资源。其中重复使用、回收再生、用作燃料属于循环利用途径。通过这些循环利用途径，可有效地减轻或遏制废旧地膜对环境污染的影响，但简单作为燃料，将会造成较为严重的大气污染。目前，废旧地膜回收利用过程中的主要问题是：不能保持原料的干净；容易老化破碎；收集和分拣的费用高；有些残膜回收方法比较落后，容易造成二次污染；可靠的需求市场缺乏。随着人们对环境污染问题的日益关注和可持续发展战略的实施，在不久的将来，这些问题必将得到解决，废旧地膜的回收与利用将会得到更大的拓展，并产生巨大的经济效益和社会效益。

目前，废旧地膜的综合利用技术主要有以下几种。

第一节　一膜多用技术

一膜多用技术，即选用厚度适中，韧性好，抗老化能力强的地膜产品，在第一年使用后基本没有破损，第二年可以直接在上面打孔免耕播种，这样既减少了地膜投入量，又减少了土壤耕作的用工，达到省时省工又环保的目的。在西北海拔2 000米的浅水灌溉地和年降雨量400毫米以下干旱、半干旱雨养农业区，播种一般采用先铺膜后播种的方式。灌水施肥是

"一膜两年用"栽培取得高产的重要措施。施肥最佳时期应为拔节期和大喇叭口期。磷肥在前期一次性施入；氮钾肥前期占施肥量2/3，大喇叭口期占1/3。灌溉地在苗期轻灌一次苗水，并随水追施；大喇叭口期重灌一次水，再随水追施。旱地在拔节期用追肥枪或打孔追肥，大喇叭口期结合降雨再酌情追一次速效氮肥。

第二节　废膜机械回收技术

废旧地膜收集是废旧地膜的再生利用技术的重要环节之一。为了实现废旧地膜的再利用，必须将废弃的农用地膜收集起来。机械回收是国外残膜回收的主要技术途径。英国和前苏联采用悬挂式收膜，工作时松土铲将压膜土耕松，然后将薄膜收卷到羊皮网或金属网上，收下的薄膜洗净后卷好以备再次使用。日本对残膜的回收处理相对好一些，主要原因之一是日本覆盖地膜的土壤主要是火山灰土，土壤疏松不易损膜；二是地膜较厚、强度大、覆盖期相对较短，清除时可保持较完整，在回收时缠绕扎在地膜两边的绳索，将地膜收起。法国的一些地区采用地膜铲将压在地膜两侧的泥土刮除，随后起出残膜。在地头由人工将膜提起并缠在卷膜筒上，随着机组的前进，地轮带动卷膜筒旋转，连续不断地将地膜缠在卷膜筒上，完成残膜的回收过程。总体来看，在欧美和日本等发达国家，地膜覆盖一般用于蔬菜、水果等经济作物，覆盖期相对较短。为了便于回收，这些国家使用的地膜较厚，一般为0.020~0.050毫米，可连续用2~3年，主要采用收卷式回收机进行卷收。

与国外情况不同，我国使用的农用地膜很薄，厚度为0.006~0.008毫米，强度小，覆盖期相对较长，清除时易碎，不易回收。采用国外收卷式地膜回收机回收地膜难以适应中国国情。从1982年开始，我国农机科研工作者就对收膜机进行了长期的探索和研究。经过 20 多年不懈努力，我国已取得残膜回收机械的相关专利技术 60 多项，开发出了滚筒式、弹齿式、齿链式、滚轮缠绕式、气力式等多种形式的残膜回收机。其中，滚筒式残膜回收机的研究较为集中，其滚筒有伸缩扒杆捡拾滚筒、弧形挑膜齿捡拾滚筒、弹齿滚筒、夹持式捡拾滚筒、梳齿转筒等多种结构形式。据不完全统计，我国研制的残膜回收机机型达 100 余种，有单项作业和联合作业两种作业形式，按作业时段可分为苗期残膜回收机、秋后残膜回收机和播前残膜回收机。

第三节　地膜二次利用免耕技术

地膜二次利用免耕栽培向日葵是对前茬作物玉米种植时使用过的地膜进行再利用，通过免耕栽培向日葵，达到减少田间作业次数，延长地表覆盖时间，减少风蚀，保护地表土的向日葵轻简化栽培技术，具有一次铺膜，两年使用，降低成本，提高效益，操作简单，易懂易学，减少风蚀，培肥地力，降低污染，保护环境等多重效应。与露地种植向日葵相比，地膜二次利用免耕栽培向日葵技术的向日葵亩产量达 275 千克，比对照亩增产 25~50 千克，增收 100~200 元。同时节约机耕费、整地费、播前浇水费、种肥等费用 70 元，节本与增效合计 170~270 元。该技术近年在内蒙古每年推广面积 13 333.3~20 000 公顷。

第四节　地膜二次利用覆盖技术

为了既减少废地膜遗留田间的有害作用又降低生产成本，提高利用效益，可推广废旧地膜二次利用覆盖技术。

一、作葡萄越冬的覆盖材料

在葡萄埋土越冬的地区，每年葡萄埋土要用很多工，出土时间又不易观察，出土过早会发生抽干枝条现象，出土过晚会损伤芽眼，影响产量。王志甲在1994—1995年连续用废地膜覆盖葡萄越冬，效果极好，不仅节省了80%的人工，而且可以保护98%以上冬芽不受冻害，且便于观察出土时间。一般到萌芽期揭开地膜观察，若冬芽开始萌动，即可逐步揭去覆盖的旧地膜，可使发芽整齐，枝蔓不受损伤。具体方法是：回收田间废地膜，1平方米以上的都可回收利用，块越大越好，除去上面的泥土放在室内无太阳直射的地方备用；11月上旬葡萄茎蔓下架后，经过修剪整理，使之固定到地面，并灌好冬水；在地冻前将废地膜覆在葡萄茎蔓上，以覆4~5层为好，以防废膜有洞透风，用土将周围压实。翌年清明后谷雨前揭开地膜观察葡萄是否萌芽，若萌芽，可分2次揭去地膜；将揭去的废地膜在地头挖小坑埋下，以备再用，一般可连用3年。

二、作幼树安全越冬的覆盖材料

在幼龄苹果、桃树越冬抽干严重的地区，采用埋土越冬的办法容易伤树伤枝，而且用工多，若采用废地膜覆盖可实现安全越冬，效果较好。

三、利用废地膜覆盖结果果园

将废旧地膜在结果树行内覆盖1/2~2/3，不但可节约用水1 200立方米/公顷，并具有保肥、除草、提高冬季地温的作用，还可以提高果树的产量及减少某些病虫害。具体做法是：在果树施过基肥、灌好冬水后，将废地膜在行内覆盖，一般覆3~5层，使之不留孔，覆完后在上面撒点土，防止地膜被风刮走。

四、覆盖越冬蔬菜

对越冬蔬菜在灌冬水后地结冻前用废旧地膜覆盖，不留孔穴，上面撒少许土以防冬季风吹地膜，这样做比覆土越冬省工、效果好。

第八章　农产品初加工废弃物综合利用

第一节　畜禽屠宰废弃物综合利用技术

一、饲料化利用技术

肉类加工过程中的副产品，有骨粉、血粉、羽毛粉、肉粉等。这一类是利用畜、禽等下脚料和血液、杂骨、羽毛等，经高压蒸煮、烘干、粉碎而成的一种优质饵料。据统计，目前我国利用生猪、肉牛、肉羊等各种下脚料所制成的动物饵料粉，年产量仅为3.1万吨，远没有达到充分利用这些动物下脚料的境地，还大有潜力可挖，应积极开发。鱼类加工中的鱼粉，是我国目前动物蛋白饵料的主要来源。鱼粉的加工一般多利用一些低值的小杂鱼及鱼类加工厂的废弃物制成。

二、肥料化利用技术

屠宰场的畜禽肠溶物及其蹄角、毛皮等废弃物，是生产上等生物有机肥的原料。肠溶物所含的营养物质尚未被畜禽充分吸收，富含蛋白、氨基酸等物质。氨基酸在生物有机肥中含量高，除自身转化为蛋白质外，该品质有机肥还可以促进作物根系生长，壮苗、健株、增强叶片的光合功能及作物的抗逆特性，其肥效优于使用畜禽粪便为原料生产的有机肥。

根据石家庄沃特威公司的介绍，屠宰场畜禽肠溶物及其他下脚料作为生产有机肥的原料，通过混合一定比例的畜禽粪便、稻壳、粉碎的秸秆进行调解，经过堆置发酵、陈化、筛分等过程，完成废弃物的无害化处理和资源化利用，生产制作成粉状生物有机肥，或者也可根据市场需求制成球形颗粒或圆柱颗粒。产品的特性和技术指标如下。

（1）肥料外观：褐色和黑褐色。

（2）气味：无味或具有酒香的发酵味，无臭味。

（3）肥分指标：氮≥2%，磷≥0.2%，钾≥1%，有机质≥40%。

（4）有益微生物指标：有益微生物≥10亿/克。

（5）有益物质：含有多种酶和多种植物必需的营养物质——氨基酸、粗蛋白、核酸、维生素、有机酸、生长调节剂和抗生素等物质。

（6）有机无机复混肥技术指标，依据添加的无机肥成分和数量而定。

三、骨产品开发

畜禽骨经破碎、蒸煮提取后获得的骨汤、骨油和骨渣具有多种加工用途，产品可定位为工业品原料、饲料、调味品、保健品和营养品等。据研究，畜禽鲜骨通过科学的先进工艺粉碎研磨即变成了“肉”，这样的肉不但具备了肉的物理性状和感官特征，而且口感细腻滋润，高于肉的香味；而在营养成分上也要超过肉的几倍至十几倍。这样的肉可以进一步加工成各种高营养食品，如高钙香肠、饼干、午餐肉、骨肉酱、系列腌类食品和食品增效添加剂及新型保健品。而最劣等的加工下脚料亦可作为骨粉用作畜禽饲料的添加剂。

骨产品早在20世纪80年代就在欧洲被开发。多年来通过不断发展和成熟，已成为肉食品中具美食、营养和食疗于一身的“新贵族”。我国对骨食品的开发利用是近几年的事。但发展非常快，大有后起之秀、越而领先之势。畜禽骨的开发利用具有以下优势。① 营养成分全面，比例均衡，开发价值大。据国家肉类研究中心测定：畜禽骨中所含的各种营养成分比肉类所含的更丰富，其中磷脂质、磷蛋白、胆碱和各种氨基酸、B 族维生素、A 族维生素及铁、锌、钾的含量是肉类的 3~4 倍。更理想的是，骨还具备了低脂肪的特点。② 原料充足，价格低，利润大。③ 符合天然、绿色和可持续发展的食品工业的发展理念。④ 开发空间大。畜禽骨的利用对于开发新型、天然、绿色的营养食品及食品添加剂，提高肉品加工企业的综合效益，具有广阔的应用前景。

骨产品加工技术主要有以下几种。

（一）常规加工技术

① 高温高压提取。畜禽骨提取方法主要有高温高压型、低温低压型、常压提取型、酶解提取型等，生产中应用最多的是高温高压提取，工艺参数一般为 110~130℃，0.2~0.4 兆帕，保持 1~6 小时。工艺参数不同，骨汤的成分、风味、提取率及骨渣的颗粒度也不同，用途也呈现出了多元化，往往根据产品定位的不同，来决定生产工艺。另外，高的氨基酸含量会导致骨汤有腥臊味和苦涩感，可在蒸煮的时候加入香辛料，或经后续食品添加剂的遮盖脱苦或吸附去除苦味等方式提高风味，这就涉及食品脱苦技术。

② 油水分离技术。油脂中混入的水分，会大大降低油脂的保质期，食品工业通常采用静止分离、真空浓缩、离心分离等方法进行汤与油的分离。静止分离操作简单，但是耗时长、不适合连续性生产，且因无法分离水包油分子，造成分离效果差。真空浓缩分离能耗大，适合水分含量低的油脂。高速离心机分离效果最佳，常有管式和碟片式两种，若要提高纯度，又以管式最佳，因为碟式分离机转速往往低于管式。油水分离时需在允许范围内，尽量提高温度，以降低物料黏度，提高分离效果。

③ 真空浓缩技术。通过浓缩可提高浓度，减轻重量、体积，节省包装贮存和运输费用，并满足后续加工工艺过程的要求。真空浓缩优于常压蒸发，真空浓缩降低了溶液的沸点，可达到增大传热温差，减小换热面积，节约热源，有利于节约成本，同时物料受热温度低，有利于浓缩热敏性物料，保证营养成分不被破坏。温度、真空度是浓缩的关键，温度影响物料保质期，真空度又影响风味物质的保留程度，二者又共同决定了浓缩速度，一般情况，浓缩时物料的温度为60℃左右，真空度620~740毫米汞柱。为节省能源，可结合闪蒸或多效浓缩的方法。

④ 微胶囊化技术。微胶囊具有保护物质免受环境条件的影响，屏蔽味道、颜色和气味，改变物质的性质或性能，延长挥发性物质存储时间，能持续释放物质进入外界，提高生物消化率、吸收率、生物效价等功能。微胶囊化油脂、微胶囊化骨汤粉可广泛地应用在食品加工业，这些产品冲泡溶解性、乳化稳定性好，具有广阔的开发前景和巨大市场潜力。生产微胶囊的方法也较多，有喷雾干燥法、挤压法、络合法、相分离法、共结晶法、多重乳浊液法、喷雾冷凝法、空气悬浮等。最为传统和广泛应用的是喷雾干燥法，它的最大优点是高温短时加热，能避免物料风味的改变。

（二）现代食品工业高新技术

① 酶解反应。酶解法属于现代生物技术，在畜禽骨加工中常用的蛋白酶有碱性蛋白酶（Alcalase）、中性蛋白酶（Neutrase）和复合风味蛋白酶（Flavourzyme）等，蛋白酶可以将氮源物质定向水解成为具有特定风味的风味前驱体，使风味物质充分释放。

在畜禽骨加工生产天然调味香精生产中，酶的开发和利用已经起着越来越重要的作用，酶解技术将成为调味香精技术中最具发展前景的重要和关键技术，是提高调味香精科技含量的突破点。结合国情，运用酶解技术，利用骨蛋白这一优质而且丰富的蛋白源，使其变废为宝，减少环境污染，必将产生良好的经济效益和社会效益。

② 美拉德反应。美拉德反应是由一系列化学反应组成，在这些化学反应中，一种或多种氨基酸（或肽和蛋白质）通过多种途径与还原糖反应，产生许多香气挥发物、非酶褐变产物（类黑精）和一些抗氧化物，随着人们认识的不断深入，为利用美拉德反应制备肉味香精提供了基础。

畜禽骨加工所获得的提取物或经酶解反应进一步获得的酶解产物浸提了天然原料中的水溶性物质，含有多种氨基酸、肽和核酸等风味物质，还含有有机酸、糖和无机盐等，这种提出物或酶解产物经烹调加热反应后，产生典型的肉香风味。成分的差异会不同程度的发生美拉德等各种化学反应，通过选择不同原料及不同的反应条件，得到不同口味，苏国万等采用响应曲面设计优化了牛肉香精的美拉德反应的配方组成。

③ 风味挥发性物质的分析技术。分析技术的发展为大量的肉味风味物质的研发生产起到了指导作用。通过模型反应，可以得到风味前驱体物质和最终肉味物质之间的对应关系，这已经成为指导肉味香精生产的重要理论根据。风味物质的分析方法主要是气相色谱—质谱联用技术，气相色谱在所有的分离技术中能够提供最佳的整体性能，适用于处理气相中的溶质，如挥发性风味组分，而质谱技术是用于鉴别未知化合物最有效的手段之一。

第二节　水果加工废弃物综合利用技术

一、果渣的营养成分

果渣是果品加工后的废渣，其主要成分为水分、果胶、蛋白质、脂肪、粗纤维等。鲜果渣的含水量在70%左右，经烘干后营养成分见表8-1。果渣营养物质丰富，矿物质、糖类、氨基酸、维生素等含量较高。如苹果渣中含铁299.00毫克/千克，是玉米粉的4.9倍；含赖氨酸0.41%、蛋氨酸0.16%、精氨酸1.21%，分别是玉米粉的1.7倍、1.2倍和2.75倍；含维生素B 23.80毫克/千克，是玉米粉的3.5倍。此外，果渣中亦含有果胶和单宁等抗营养物质，影响其生产性能的发挥。

表8-1　烘干果渣的营养成分　（单位:%）

果渣	粗蛋白质	粗脂肪	粗纤维
沙棘籽	26.06	9.02	12.33
沙棘果渣	18.34	12.36	12.65
葡萄皮梗	14.03	3.60	—
葡萄饼粕	13.02	1.78	—
葡萄渣粉	13.00	7.90	31.90
越橘渣粉	11.83	10.88	18.75
柑橘渣粉	6.70	3.70	12.70
苹果渣粉	5.10	5.20	20.00

二、中国果渣综合利用技术现状

我国对果渣的研究在20世纪50年代虽已展开，但发展缓慢。在近几年随着水果种植业和加工业的迅速发展，才对果渣的研究予以重视，果渣在很多方面都得到了利用。但由于技术等相关因素的制约，果渣在高附加值产品生产中的应用仍十分有限，而作为饲料或饲料添加成分的应用相当广泛。

（一）果渣饲料化利用技术

由于鲜果渣具有水果特有的香气，适口性好，但其蛋白质含量较低，酸度大，粗纤维含量高，因此，只能在日粮中配合添加。以果渣为原料生产的蛋白质饲料成分详见表8-2。果渣作为饲料主要有3个方面的应用：直接饲喂、鲜渣青贮、利用微生物发酵技术生产菌体蛋白饲料。

表8-2　以果渣为原料生产的蛋白质饲料成分　（单位:%）

主要原料	水分	粗蛋白	粗脂肪	粗纤维	粗灰分	无氮浸出物
菠萝渣	10.43	9.35	1.40	12.79	4.27	61.76
菠萝皮	9.30	3.90	2.50	10.00	4.00	70.30
苹果渣	9.60	20.90	1.00	14.20	5.80	48.50
柑橘皮	11.50	20.30	2.90	9.40	5.60	50.30
沙棘果渣	12.11	24.05	—	13.70	—	—

（1）果渣干燥和果渣粉的加工　新鲜果渣直接饲喂简单易行，但存放时间短、易酸败变质。因此，需干燥以延长存放时间。干燥方式有两种，晾晒-烘干干燥和直接烘干干燥。晾晒-烘干干燥受天气的影响大，在晾晒的过程中易霉变、污染，而且含水量高（约20%），且干燥后的果渣在贮存使用中易变质。规模化猪场使用果渣，以直接烘干的效果为好，虽然增加了成本，但为以后安全、稳定的利用创造了条件。此外，果渣烘干后可以粉碎成果渣粉，然后加入配合饲料或颗粒料中，还可进行膨化处理。

（2）果渣青贮的调制　青贮不但可以保持鲜果渣多汁的特性，还可改善果渣的营养价值。其原理是将果渣压在青贮塔或青贮窖中，利用附在原料上的乳酸菌进行厌氧发酵，产生大量乳酸，迅速降低pH值，从而抑制有害微生物的生长和繁殖，便于长久保存。

（3）果渣发酵生产菌体蛋白　该工艺是以果渣为基质，利用有益微生物发酵工程，将适宜菌株接种其中，调节微生物所需营养、温度、湿度、pH 值和其他条件；通过有氧或无氧发酵，使果渣中不易被动物消化吸收的纤维素、果胶质、果酸、淀粉等复杂大分子物质，降解为易被动物消化吸收的小分子物质和大量菌体蛋白，而小分子物质的形成，又能极大的改善饲料的适口性，从而使营养价值得到显著提高。果渣发酵生产的菌体蛋白含有较为丰富的蛋白质、氨基酸、肽类、维生素、酶类、有机酸及未知生长因子等生物活性物质。

Joshi 等（1996）以生产酒精后的果渣为原料，分别加入啤酒酵母、产朊假丝酵母和产蛋白圆酵母进行发酵，发现三种发酵产物均富含蛋白质、脂肪和维生素 C。陈五岭等（2003）用产朊假丝酵母、黑曲霉混合发酵果渣，结果表明果渣中果胶、高糖等对牲畜有害的物质被转化，蛋白质含量大大提高，果渣中大分子物质转化成动物易吸收的小分子物质，且适口性得到改善。高再兴等（2003）研究了产朊假丝酵母、黑曲霉混合发酵苹果渣的工艺条件，认为其最佳条件为：接种比例 8∶1，接种量 2%，pH 值 4~5，最适温度 28℃，利用 1.5%尿素作为氮源，培养基含水 70%左右，发酵 48 小时后，蛋白含量可达 30%以上。邝哲师等（2006）利用施氏假单胞菌、枯草芽孢杆菌和乳酸杆菌对鲜菠萝渣进行微生物发酵，发现菠萝渣发酵培养物常规营养成分结果（干物质基础）为：干物质 89.57%、粗蛋白 9.35%、粗纤维 12.79%、粗脂肪 1.40%、粗灰分 4.27%、无氮浸出物 61.76%、钙 0.17%、磷 0.56%。

果渣不仅价格低廉，且来源广泛，若处理得当，可以在畜禽饲料中获得广泛的应用。因此，果渣类饲料的开发和利用，对缓解我国饲料资源缺乏的现状和人畜争粮的矛盾、促进畜牧业稳步发展、提高水果种植与加工业效益、减少环境污染都具有重要意义。

（二）果渣工业化利用技术

果渣不仅可以加工成优质饲料，还可以作为工业原料提取柠檬酸、果胶、酒精、天然香料等物质。

（1）利用果渣发酵生产柠檬酸　柠檬酸是一种广泛应用于食品、医药和化工等领域的重要有机酸。目前，国内柠檬酸的生产供不应求，但均以玉米、瓜干、糖蜜为原料，产品成本较高。以苹果渣为原料，黑曲霉固态发酵生产柠檬酸，其工艺简单、设备投资少。同时，果渣经发酵后不仅能提取柠檬酸，还可以产生大量果胶酶，可用于果胶酶的提取。提取柠檬酸的生产工艺流程为：鲜果渣→预处理→接种→发酵→成品。

（2）利用果渣提取果胶　果胶是一种以半乳糖醛酸为主的复合多糖物质，由于其良好的凝胶特性在食品、制药、纺织等行业内广泛应用，在国际市场上非常紧俏。近年来，我国果胶用量居高不下，主要靠从国外进口满足市场需求，因此开发新的果胶资源势在必行。

苹果渣和柑橘渣均为提取果胶的理想原料。其中，干苹果渣的果胶含量为15%～18%，苹果胶的主要成分为多缩半乳糖醛酸甲酯，它与糖和酸在适当的条件下可形成凝胶，是一种完全无毒、无害的天然食品添加剂。目前可以通过利用从苹果渣中提取的低甲基化了的果胶来实现果胶生产，且效果较为理想。提取果胶的工艺流程为：鲜果渣→干燥→粉碎→酸液水解→过滤→浓缩→沉析→干燥→粉碎→检验→标准化处理→成品。

柑橘渣也是制取果胶的理想原料，世界上70%的商品果胶是从中提取的。果胶产品有果胶液和果胶粉两种，而后者多由前者喷雾干燥或酒精沉淀而来。近年来，国内利用柑橘皮生产果胶的工艺技术已形成，但规模化生产少见，主要原因是投资大，产品产量低，且质量有待提高。

（3）利用苹果渣提取苹果酚　经专家测定，利用苹果渣加工出来的苹果酚，其感官指标良好。苹果酚中含有丰富的果糖、蔗糖和果胶，所以具有较高的生物价值，可应用于面包和糖果生产。在制作食品过程中，采用苹果酚不仅可以节省精制糖，而且还可以提高食品的生物效应。在面包生产中，添加苹果酚不但可以改善面包制品的内在质量、味道、膨松度，而且可以降低原料消耗、增加产品质量。苹果酚的加工工艺流程可以概括为：鲜苹果渣→干燥→粉碎→离析→成品。

第九章　我国农村垃圾的处置

无论古今中外，还是城市乡村，都会由于生产、生活、消费而产生垃圾——包括生产垃圾和生活垃圾，只是垃圾的数量、成分不同以及对其处置的方式各异。我们不但要收集垃圾，不能将垃圾乱倒乱扔，造成污染，而且在收集之后要充分利用和合理处置，使其既无害化，又资源化、能源化。随着社会发展以及科技水平、生活水平的提高，人们的环保意识、健康意识和对垃圾的认知程度都在发生变化，垃圾利用和处置的方式也在发生变化。在建设“美丽中国”的背景下，农村垃圾如何处置日益重要，已经成为农村卫生服务体系建设的核心，越来越受到政府、民众及社会各界的高度关注。

第一节　我国农村垃圾处置的现状

一、我国农村垃圾处置的特点

通过深入分析可以发现，我国农村垃圾处置存在以下几个特点。

（一）垃圾利用程度和处置率比过去提高，但农村低于城市

随着我国经济发展和科学技术水平的提高，人们生活方式和生产方式发生了较大的变化，垃圾中所含无机成分的比重、特别是化学品含量越来越高。例如，农业生产中使用的地膜、棚膜、农药等无机物越来越多，生活中洗涤剂、食品、化妆

品、饮料等的包装越来越讲究，而这些塑料袋、包装纸等最后都进了垃圾桶，再加上旧报纸、旧杂志、电子垃圾以及破损玩具和用具等越来越多，垃圾中可燃物、易燃物含量明显增加，热值随之增加，如果燃烧发电，垃圾的利用程度将会大大提高。由于人们对环境的关注，资源性产品价格的上涨，再加上垃圾处理技术的进步，现在垃圾的利用率比 25 年前提高了将近 1 倍，大约有 1/10 的垃圾得到再生利用。当然也有例外，有些废弃物过去能够加以利用，而现在却不利用，变成了垃圾。例如，自古以来，农民就把人畜粪便称为农家肥，当做重要的肥料资源，发展循环农业。随着化肥的出现，许多人嫌麻烦而不再使用农家肥，人畜粪便反而成为污染物，成为需要另外处置的垃圾。

统计数据表明，农村人均产生的垃圾比城市要少。究其原因是生活水平和生活方式的不同。在城市，带包装的商品、食物浪费以及工业制品比农村要多，废弃的书报纸、包装箱、饮料瓶、废塑料袋、瓜果皮、餐巾纸、卫生纸、废织物、一次性水杯和饭盒、玻璃、橡胶、金属、骨头、菜叶、烟头、花卉枯枝、剩饭菜等，更是远远超过农村。一个城市居民产出的垃圾，基本上是与其同等富裕度的农村居民产出量的 2 倍，城市每人每日垃圾排出量为 0. 8~1. 2 千克，农村为 0. 4~0. 6 千克。在贫困山区，农村居民产生的垃圾基本上只是城市居民的 1/4，最少的人均每天只有 0. 15 千克。

据住房和城乡建设部负责人介绍，目前，我国农村每年产生生活垃圾约 1. 1 亿吨，其中处理的只占 36%，有 0. 7 亿吨未做任何处理，相当于每年堆出 200 多座百层“垃圾高楼”。

（二）垃圾处理的方式越来越多，但采用先进方式的占少数

最早人们只是挖个坑，直接把垃圾埋起来完事，即简易填埋。后来改进为处置渗滤液和臭气的受控填埋场，再发展为卫

生填埋场。再后来还出现热解法、堆山造景等新的处理方式。随着人们认识的提高、科学技术的进步和经济实力的增强，加上国家能源、土地资源的日益紧张，又陆续出现垃圾焚烧发电的处理方式，而且焚烧工艺和设备越来越成熟、先进。由于财政资金、处理能力和运距等所限，采用焚烧发电方式处理的一般只是在省会城市和发达地区的个别省辖市，处理的基本上也只是城市垃圾，充其量最多再捎带一些市郊的垃圾，全国焚烧发电处理的垃圾只占总量的2%~3%。我国真正农村的垃圾，可以说没有采用先进方式处理，普遍都是填埋，而且许多都是简易填埋，有不少名为卫生填埋而实际上并未完全达到标准。更有甚者，我国不少农村的垃圾都采取露天堆放，每一个垃圾堆放场几乎都成了一个污染源，蚊蝇孳生，臭气漫天，大量垃圾污水渗入地下，对环境和地下水水源造成了严重污染。还有些农村垃圾，就地堆积起来后直接焚烧，黑烟滚滚，恶臭弥漫，严重污染空气。

（三）垃圾处理的费用越来越高，投融资形式多种多样

垃圾处理费用高的主要原因，一是参与垃圾收集、分类、压缩、中转、处理等的人员工资上涨；二是垃圾收集和处理设备的造价上涨；三是燃油费上涨导致垃圾运转费用增加。垃圾处理基础设施建设的投融资形式，不仅有政府全部投资的，也有几方面合伙投资或入股的，还有BOT形式的，以及企业投资建设、政府逐年购买公共服务的——不少地方财力紧张，政府一次性投巨资于环保基础设施项目非常困难，但妥善处理垃圾又是政府必办的实事，所以，采取企业投资建设、政府逐年购买公共服务的方式来解决这一问题，实践证明这也是有效之举。

（四）垃圾被反复回收利用，垃圾处理产业日趋发展

应该说，现在的垃圾，已经不再完全是废物，而是另一种

资源，可以直接被回收利用、加工，或者经过特定方式的处理而间接利用，使再生资源成为循环经济的重要组成部分。我国有节俭的美德，许多农村居民在倒垃圾时，就将自己认为可以卖钱的东西，先挑出来拿去卖。接着，“拾荒者”在垃圾箱（桶）里翻来倒去，找出他认为还可以卖钱的东西，甚至在垃圾运抵填埋场后，还有人捡拾。如果垃圾进行了分类，废品回收公司就会按照不同类别的垃圾进行归整，将能够直接利用的东西送去利用；不能直接利用但通过加工可用的东西则送去加工。这样做，不但可以降低垃圾排放，减少污染，而且还能解决资源短缺问题。

在我国，将垃圾这样的再生资源进行开发利用，已经逐渐形成一种产业，这种产业不同于目前的第一产业、第二产业、第三产业，我们把它叫做静脉产业，或者第四产业。

二、我国农村垃圾处置的目标

我国农村垃圾利用处置的目标是对垃圾进行减量化、资源化、无害化处理。

（1）垃圾减量化。所谓垃圾减量化，从狭义上来讲，是指人们在日常生活中，为减少生活垃圾的数量而进行的一系列改变；从广义上来讲，是指对人们生活垃圾的产生、收集、处置全过程多层次减少数量而推行的一系列措施。

（2）垃圾无害化。所谓无害化，是指采用科学的管理手段和经过处理设施，使垃圾本身和垃圾运送、处置过程中不污染环境，不影响人体健康。

（3）垃圾资源化。所谓垃圾资源化，是指回收和转化利用垃圾中的有用资源，使之重新进入对人类有用的物流和能源利用中，变废为宝。资源化的一种途径就是经过简单的人工或者物理方式，让垃圾稍加“改变”而直接进入物流，而最重要的途径是让垃圾变成一种能源。垃圾变成能源的实现方式主要有两种：一是直接作为燃料燃烧，二是转化为其他形式后作为燃料燃烧。

(4) 垃圾无害化和垃圾资源化是相辅相成的辩证关系。无害化支撑资源化，资源化则为无害化创造条件。从循环经济的角度来看，资源化比无害化具有更高的层次。

三、我国农村垃圾处置的路径

从各地的实践来看，农村垃圾利用处置的路径大体可分为物质回收利用、能量回收利用和填埋处置三种。

(1) 物质回收利用。它是指通过物理转换、化学转换和生物转换，实现垃圾的物质属性的重复利用、再造利用和再生利用，包括废纸、金属、玻璃等可用的、传统的物质资源回收再生利用，以及将易腐有机垃圾转换成高品质物质资源。物理转换即只发生形状变化而无物质成分改变的转换。化学转换则包括化学改性及热解、气化等热转换。生物转换包括微生物转换、昆虫转换和动物转换等。

(2) 能量回收利用。它是指将垃圾的内能转换成热能、电能，包括焚烧发电、供热和热电联产。

(3) 填埋处置。它是指对不能进行物质回收利用和能量回收利用的无用废物进行填埋处置。

不同的处置路径有不同的优缺点，必须根据实际情况，因地制宜地进行选择。例如，第二种路径，可较好地回收能源，且产生垃圾残渣较少，代表了农村生活垃圾处理发展的方向，但其建造和运行成本一般较高。

广西壮族自治区住建部门 2014 年 8 月初组织专家实地考察并召开评审论证会，最后筛选出了 13 种相对适合在该区推广的农村垃圾处理技术模式。其中，村、屯处理模式有 6 种，镇、乡处理模式有 6 种，片区处理模式为 1 种。这 13 种处理技术模式，将会对广西壮族自治区“清洁乡村”活动产生积极的推动作用。应该说，他们的做法以及这些处理模式，对其他省市很有参考意义。

第二节　我国农村垃圾处置的办法

一、我国农村垃圾的生物处理

采用生物技术将生活垃圾进行生物降解或生物转化，不仅可以实现农村垃圾无害化，而且可以实现资源的再利用。因此，与物理法、化学法相比，生物处理技术具有更广阔的发展前景。

（一）垃圾生物处理的基本概念

各种动植物、微生物，对自然界的有机物都有降解作用，其中微生物的降解作用最大。凡自然界存在的有机物，几乎都能被微生物降解。生物处理就是依靠微生物，将垃圾中易于生物降解的有机组分，通过生物降解，转化为肥料、沼气、饲料蛋白、乙醇或糖类等产品的一种处理方法。生物处理可分为厌氧生物处理和好氧生物处理两大类。

厌氧生物处理是在无氧条件下，利用厌氧微生物的代谢活动，将有机物转化为各种有机酸、醇、甲烷、硫化氢、二氧化碳、氨气等和少量细胞物质的过程。它是一个多类群细菌的协同代谢过程。在此过程中，不同微生物的代谢过程相互影响、相互制约，形成了复杂的生态系统。

好氧生物处理是在有氧气存在的条件下，好氧微生物进行生物代谢，使有机物降解并稳定化的生物处理方法。在好氧生物降解的过程中，有机废物中的可溶性小分子可通过微生物的细胞壁和细胞膜，而被微生物直接吸收利用；不溶的胶体及复杂大分子有机物，则先被吸附在微生物体外，依靠微生物分泌的胞外酶分解为可溶性小分子物质，再输送入细胞内为微生物所利用。微生物通过自身的生命活动——新陈代谢过程，把一部分有机物氧化分解成简单的无机化合物，如二氧化碳、氨气等，从中获得生命活动所需要的能量；同时又把另一部分有机物转化合成新的细胞物质，使微生物增殖。

（二）厌氧生物处理和好氧生物处理的异同

厌氧生物处理和好氧生物处理的原理是相同的，都是微生物将垃圾中的有机物降解、转化为无机物。不同之处，首先，处理环境不同。微生物降解有机物时，前者是在厌氧条件下，后者是在有氧条件下。其次，所能处理的有机物不同。前者是处理大分子量的有机物，后者则是处理经厌氧生物处理后的废水中分子量较小的有机物。再次，处理结果不同，前者是将垃圾中的有机物分解转化成甲烷等可利用能源，后者则是将分解成的无机物在二次沉淀池再加入一定量的混凝剂或絮凝剂，使其沉降与水分离，从而达到废水净化的目的。因此，厌氧生物处理一般用于处理生活垃圾，且以易腐垃圾为最好；而好氧生物处理一般是用来处理污水。我们在本文不涉及污水处理，所以只介绍厌氧生物处理法。

（三）厌氧生物处理的方式

目前，对于可生物降解的垃圾，主要采用堆肥、卫生填埋、厌氧发酵等处理方式。卫生填埋是我国城市和农村垃圾处置中最主要的方式，大约80%的垃圾都是采用这种方式，因此抽出来作为另一节具体阐述，本节只介绍堆肥和厌氧发酵处理方式。

二、堆肥

（一）堆肥的概念

堆肥是将生活垃圾堆积成堆，在人工控制条件下，保温至70℃储存、发酵，利用自然界分布的以及垃圾中的微生物分解的能力，使有机物、氧气和细菌相互作用，将垃圾、粪便中的有机物分解成无机养分，析出二氧化碳、水和热，同时生成一种类似腐殖质的物质，用作肥料或改良土壤。堆肥的关键，在于提供一种使微生物活跃生长的环境，以加速其菌致分解过程，使之达到稳定。堆肥主要受废物中的养分、温度、湿度、pH 值等因素的控制。

（二）堆肥的种类

根据堆肥过程中微生物对氧气的需求情况不同，可分为好氧堆肥和厌氧堆肥。厌氧分解须在严格缺氧的条件下进行，厌氧微生物分解生长较慢，故不多用。好氧分解过程中同时产生高温，可以杀灭病虫卵、细菌等。我国主要采用好氧分解法。

好氧堆肥的堆温一般都比较高，为 55～60℃，最高可达 80℃，故也称高温堆肥。与传统的厌氧堆肥相比，好氧堆肥具有基质分解彻底、发酵周期短、异味小、占地面积小、可大规模采用机械处理等优点，因而好氧堆肥技术的应用已较为普遍。

（三）堆肥的优点

堆肥是目前广泛应用且能有效处理垃圾的重要途径之一，具有良好的环境效益和社会效益，其最大优点是工艺比较简单，对于易腐有机质含量较高的垃圾可进行资源利用，且费用比焚烧处理低很多。生活垃圾的热值随垃圾含水率的高低而呈相反变化，且热值太低时不能直接进行焚烧处理，而如果垃圾的含水率如果太高，氮、磷、钾和有机质含量都较高的话，这种垃圾恰恰更适合堆肥处理。

（四）堆肥的局限性

一是堆肥方式无法处理不可腐烂的有机物和无机物，垃圾中的金属、玻璃、塑料等废弃物不能被微生物分解，这些废弃物必须事先分拣出来另行处理，然后再将易腐有机组分进行发酵，才能有效防止重金属的渗入，以保证有机肥产品达到国家标准，因此减容、减量及无害化程度低。二是占地面积大，发酵时间长，易产生臭味，卫生条件差。三是堆肥处理后产生的肥料养分含量低、肥效低，且比化肥的成本高，销售困难。

三、厌氧发酵

厌氧发酵是在一定的条件下，利用厌氧微生物的转化作用，将垃圾中大部分可生物降解的有机物质进行分解，转化为沼气的处理方式。它是一种成熟的垃圾能源化技术，将垃圾转化成沼气后，便于输送和储存，热值高，燃烧污染小，用途广泛。

（一）沼气的成分、特性及其用途

沼气的成分。沼气的主要成分是甲烷，即 CH_4，占 55%~70%；其次是二氧化碳，占 25%~40%；还有总量小于 5%的一氧化碳、氧气、氢气、硫化氢、氮气等。通常由于含有少量的硫化氢气体，所以，沼气会有臭鸡蛋的气味。

沼气的特性。沼气的主要成分是甲烷，所以，甲烷的特性也就决定了沼气的特性。甲烷是极难溶于水的可燃性气体，无色、无味，沸点是-161.4℃，化学性质相当稳定。甲烷和空气成适当比例的混合物——一般当甲烷浓度达到 4.6%时，遇明火就会发生爆炸；与氯气、液氧、次氯酸等强氧化剂接触时，会发生剧烈反应。而甲烷浓度超过 30%以后，就很难发生燃烧。甲烷属有微毒类气体，当空气中甲烷浓度达到 25%~30%时，可引起头晕、头痛、呼吸和心跳加速等。皮肤接触液化的本品时，可致冻伤。因此，在使用沼气时，既要防止爆炸，又要防止中毒。

沼气的用途。沼气的直接用途很广，主要是：① 沼气是一种很好的燃料，它的燃烧热值为 25 075 千焦，而原煤、汽油、煤气的燃烧热值分别为 22 990 千焦、45 000 千焦、16 720

千焦，也就是说，1立方米沼气燃烧时发出的热量相当于1千克煤或0.7千克汽油燃烧时发出的热量，或能发电1.25千瓦·时。因此，可用于生活燃料和动力燃料。② 用于制造氢、氢氰酸、乙炔、一氧化碳及甲醛等化工原料。③ 用于发电。④ 用于蔬菜种植，增产效果显著。⑤ 用于贮藏水果。⑥ 用于贮粮防虫。⑦ 用于孵化禽类沼气发酵余物也有多种用途，首先是沼液，可作为速效肥料，直接用于蔬菜及部分粮食作物，既能增产，又有抗病防虫之效果；还可作为饲料添加剂，或者喂鱼，或用于浸种者。其次是沼渣，也属于优质肥料，可作为饲料、培养土。

（二）厌氧发酵的利弊分析

厌氧发酵有很多优点，主要是：厌氧工艺多半是能量的净生产者，需要的能量很少；产生的污泥少；需要的营养物质少；会产生甲烷，这是一种能源，能带来收益。

厌氧发酵也有不少缺点，主要是：启动时间太长；可能需要补充特定的离子碱度；为满足排放的需要，后面通常需要再用好氧工艺进行下一步的处理；厌氧不具有除氮和除磷的作用，有时候氮、磷含量还会有所增加；厌氧处理对温度和有毒物质等外界因素更敏感。

我国农村历史上就有厌氧堆肥的习惯。传统的厌氧堆肥具有工艺简单、不必由外界提供能量的优点，但存在着有机物分解缓慢、占地面积大、二次污染严重等缺点。

四、填埋

填埋，顾名思义，就是找一个场地，将垃圾埋起来。我们这里所说的填埋，不是农户个人挖一个小坑，将小量的垃圾埋起来，而是挖掘一个大坑或大池子，将大量的垃圾埋起来。我国城乡目前普遍都在采用填埋的方式处理垃圾。表面上，垃圾被填埋之后就完事了，就算把垃圾处理掉了，而实际上，即便是岩石经过若干年后都可能分化，何况垃圾中含有有机物和一定量的水分，怎么能不发生变化？正因为填埋了，与空气隔绝了，也就是与氧隔绝了，垃圾中自身含有的微生物如果将有机物进行降解，本质上就属于厌氧发酵。如果采取相应措施，将填埋场产生的渗滤液加以处理的话，那就属于卫生填埋。

（一）垃圾填埋场的种类

垃圾填埋场可分为以下3种类型。

简易填埋场（Ⅳ级填埋场）：这是我国几十年来传统沿用的填埋方式，是衰减型的露天填埋场。其主要特征是基本没有采取任何环保措施，也谈不上执行什么环保标准，它不可避免地对周围环境会造成比较严重的污染。这一类型的填埋场，目前在我国城市要占到大约50%，而农村的这一比例还要高一些。

受控填埋场（Ⅲ级填埋场）：这种填埋场目前在我国约占30%，其特征是虽有部分环保设施，但不齐全；或者是虽有比较齐全的工程措施，但不能完全达到环保标准或技术规范。目前的主要问题是场底防渗、渗滤液处理、日常覆土等不达标。这种填埋场为半封闭型填埋场，也会对周围环境造成一定的影响。根据披露，某市曾经对35处填埋场中的10处进行钻探取样，分析垃圾断层样品和地下水质，分析结果发现，不但地下水质恶化，污染严重，水混浊发臭，水中均检出厌氧大肠杆菌，而且垃圾断层样品均检出有毒有害物质。

卫生填埋场（Ⅰ、Ⅱ级填埋场）：这种填埋场，一般都是封闭型或生态型的，有比较完善的环保措施，能达到或大部分达到环保标准，能对渗滤液和填埋气体进行控制，在我国目前约占20%。其中，Ⅱ级填埋场即基本无害化，目前在我国约占15%；Ⅰ级填埋场即无害化，约占5%。例如北京市朝阳循环经济产业园的填埋场，设计库容892万立方米，日处理能力1 000吨，于2002年建成运行，2008年在全国率先实现了填埋区全部膜覆盖，自主研发膜下抽气系统，填埋气收集利用率接近100%，用于发电、锅炉供热、除臭等；渗滤液经后端处理达中水标准后用于园区绿化灌溉、道路降尘及垃圾焚烧发电厂的循环冷却水，2011年2月率先在北京市实现原生垃圾零填埋，是全国做得较好的典范之一。

（二）垃圾填埋的利弊分析

这里所说的垃圾填埋，指的是卫生填埋，即要进行无害化处理，而不是随便挖个坑一埋了事。

填埋的优点。其主要优点是建设周期短、投资相对低、处理量大，技术“门槛”和费用都不是太高。据调查，西部地区农村一个日处理100吨生活垃圾的填埋场，一般需投资1 000万元左右，并且可以分段投入，管理方便。

填埋的弊端。其弊端比较多，主要有：

一是资源利用率为零，因为它只是将垃圾从一个地方转移到了另一个地方，垃圾的废物性质并未改变。

二是存在二次污染。在填埋场施工期间，往往会由于机械或人为的不规范操作，而使铺设的衬层破损，并且很容易在接缝处留下孔隙。在运营期间，由于防渗膜上是高达几十米深的垃圾，将会随垃圾种类的不同，而出现地基不均匀下陷，容易错动，加之缩性形变、机械破损、化学腐蚀等诸多因素，也会引起防渗膜渗漏。即便防渗膜铺设到位，时间久了，膜体也会破裂和老化。同时，卫生填埋场很难真正防止垃圾渗滤液对土质和地下水的污染，包括重金属污染。据披露，早在1978年，美国环境保护局就报道过所有的垃圾填埋场都会渗漏。例如，意大利的25个填埋场平均每平方千米有1 532个漏洞；美国每平方千米的防渗层中有2 251个漏洞；加拿大和法国的11个单防渗土工膜衬层的填埋场中每平方千米有203个漏洞。如果这些漏洞不能及时发现和修补，垃圾渗滤液将会通过孔隙进入地下水和土壤。这种渗滤液危害性很大，渗出来会污染地下水、地表水及土壤，垃圾堆放产生的臭气（包括二噁英），比处理过的焚烧厂量还大，会影响场地周边的空气质量，从而造成环境污染。特别是大雨时，渗滤液可能被冲入地表水体，在地表径流的过程中严重污染地下水，引起的二次污染甚至比垃圾本身的危害更大。

三是要占用大量的土地。一座大型填埋场往往占地数千平方米，这对于土地资源紧缺的我国来说，填埋的成本就会变得很高。而且，封场后的土地不能再种农作物，也不能再建住房。

四是填埋场需要长期维护。一般都需几十年的维护控制，才能达到封场状态。这期间如果维护不良，就很有可能发生爆炸。填埋场排出的甲烷气体是火灾隐患，如不及时排放，也有可能产生爆炸，但如果排放到大气中，又会产生温室效应。

五是填埋场的处理能力有限。填埋场一般的使用寿命为10年左右，多则也只有二三十年。垃圾填满后仍需投资建设新的填埋场，不仅要再占用土地，而且还将面临新的诸多困难。我国的垃圾填埋场基本上都由各县、区建设（许多小型的还由各乡、镇建设），一般选址在与邻县交界，对于本区、县来说确实在下风下水处，但对于邻县、区来说却有不少恰恰是在上风上水处，这岂不是以邻为壑？

因此，严格来讲，或者从长远来看，填埋方式不符合循环经济发展的理念，应该被逐步淘汰，而焚烧发电才是方向，只是现在我们财力有限，迫不得已才采取了填埋方式。

（三）卫生填埋场的基本要求

卫生填埋场的建设不能只考虑项目本身，而应该立足全局，树立新的理念，我们概括为“三个和谐”：体现人与自然环境及社会环境的和谐，与空气、水等环境要素的和谐，与区域公众的和谐，单位面积的垃圾填埋量要争取最大，渗滤液产生量、资金使用成本、运营成本都要争取最小，环境污染与生态影响程度要争取最低。

在填埋场建设中，要严把质量关，使垃圾的填埋容量、填埋高度、覆盖厚度以及垃圾的压实密度等几项主要指标务必达到标准（图 9-1）。

图 9-1　卫生填埋场

填埋场建设之前必须掌握非常系统、完整的基础资料，以便深入分析讨论、权衡比较，保证设计、可研报告、审查和施工建设等工作之需要。基础资料主要包括：① 地形、地貌，土地利用价值及征地费用；② 水文地质情况；③ 地层结构、地质构造等工程地质条件；④ 降水量、蒸发量、降雨积水最大深度和排水等情况；⑤ 周围水系流向及用水状况；⑥ 洪泛周期；⑦ 垃圾的数量和性质；⑧ 拟填埋处理垃圾的分选设备及方式、服务范围及垃圾收集运输情况；⑨ 取土难易、远近和存储总量；⑩ 城市环境卫生规划及垃圾处理规划、城市用地规划、区域环境规划、场址周围人群活动分布与城区的关系；⑪ 填埋气体利用的可能性；⑫ 场址周围人群居住情况与公众反映。

(四) 填埋场的防渗措施

如何处理好渗滤液渗漏，是填埋场最重要的问题之一。

1. 垃圾渗滤液

垃圾渗滤液呈暗褐色、棕黑色或淡茶色，有浓烈的腐化臭味，含有大量的汞、镉、铅等元素的化合物以及苯酚等有机物，且毒性强烈，被列入我国优先污染控制物“黑名单”的就有五种以上；氯氮浓度高，被有机物污染程度远远超过一般污水；细菌总数和各种传染病菌超过一般水源几十倍甚至几千倍。

垃圾渗滤液来自以下 3 个方面：第一，垃圾本身所带的液体；第二，垃圾中有机物经生物分解后所产生的液体；第三，以各种途径进入垃圾填埋场的大气降水和地下水。其中，进入场区的大气降水和地下水是决定渗滤液产生量的关键因素。

垃圾在填埋场产生的渗滤液与时间有密切关系。在填埋初期，渗滤液量较少，经过一段时间才开始大量形成。

2. 防渗材料

主要是防渗膜。防渗膜早在 1969 年就推出，国外已被应用到各个行业，我国从 1980 年开始引入，生产基地主要在东部发达城市。防渗膜使用寿命既与其质量好坏有关，也与环境密切相关。目前，垃圾填埋场普遍采用的是高密度聚乙烯（HDPE）膜。与其他防渗材料相比，它具有很好的耐久性，用它作为防渗层已经得到了国内外的认可（图 9-2）。

3. 场底防渗系统

垃圾填埋场主要是通过衬托层来达到防渗目的。在填埋区的场底、侧坡和调节池内，都设置有严密的衬托层，这种衬托

图 9-2　填埋场防渗膜

层具有双向性密不透水的功能——既要防止渗滤液渗出而污染地下水，还要防止降雨量造成的雨水渗入。

为了将填埋场产生的渗滤液很好地收集导排和处理，一般都有渗滤液导流层、渗滤液导渗盲沟、地下水导排系统、垃圾渗滤液处理等工程结构。需要指出的是，由于渗滤液通常都属于有机物浓度高的污水，而且其流量和负荷还在不断地变化，因此，应该采用生物处理与物化处理相结合的方法，使其互相补充、相辅相成，以产生最好的处理效果。

（五）填埋气体的收集与利用

如何将排放的有害气体加以有效地收集和利用，是填埋场另一个最重要的问题。

（1）填埋气体的成分。填埋场通常产生的气体比较少，但其成分很复杂，一般包括甲烷、二氧化碳、氨、一氧化碳、氢、硫化氢等。其中，最主要的是甲烷和二氧化碳，毒性较大。填埋气体有两个最大的特点：一是温度比较高，通常达43~49℃；二是热值比较高，通常在15 630~19 537千焦/立方米。

（2）填埋气体的收集。一般都采用主动控制系统，该系统由抽气井、集气管、冷凝水收集井、泵站、真空源、气体处理站以及气体监测设备等组成。在填埋场内要铺设一些垂直的导气井或水平的盲沟，用管道将这些导气井和盲沟连接起来，再利用抽气设备对导气井和盲沟抽气，从而将填埋气体抽出来。

主动控制系统通常又分为内部填埋气体收集系统和边缘填埋气体收集系统两类。前者常用来回收填埋气体，控制臭味和地表排放；后者主要用来回收并控制填埋气体的横向地表迁移。

（3）填埋气体的输送。收集的气体最终汇集到总干管，经鼓风机将其输送到燃气发电厂。填埋气体在输送过程中会逐渐变凉，而产生含有多种有机和无机化学物质及具有腐蚀性的冷凝液。这些冷凝液能引起管道振动，限制气流，增加压力差，阻碍系统运行。因此，必须设置冷凝液收集井，这种收集井一般都安装在气体收集管道的最低处，以避免增大压差和产生振动。

（4）填埋气体的利用。当填埋场产生的沼气数量可观、持续的时间较长时，填埋气体便收集起来、用来发电。

五、焚烧发电

焚烧发电是垃圾处置的重要方式之一，是当前和今后一个时期垃圾处置的方向。搞得好的焚烧发电厂，不但垃圾处理及时有效，废物综合利用充分，而且管理有序，厂区整洁卫生，环保达标。

我们看到的北京市朝阳循环经济产业园的垃圾焚烧发电厂做得就非常好。这个垃圾发电厂采用BOT融资模式，由企业投资建设、股份制商业化运营，设计日处理生活垃圾 1 600吨，是北京市建成并运行的大型生活垃圾焚烧处理设施，也是目前亚洲单线处理规模最大的焚烧厂。配置有两条日焚烧垃圾 800 吨焚烧线及两台 15 兆瓦凝汽式汽轮发电机组。采用连续运行方式，焚烧炉每年运行时间不低于 8 000小时，年处理生活垃圾 70 余万吨，余热发电量近 2.2 亿度，相当于每年节约 7 万吨标准煤，减排温室气体二氧化碳 20 万吨。该垃圾发电厂引进国外先进的垃圾焚烧及烟气处理工艺，两台垃圾抓斗采用的是德国（德马格）公司产品，焚烧炉采用日本（田熊）公司产品，烟气处理设备采用的是法国（阿尔斯通）公司产品，具有国际先进的工艺，设备全部操作均通过控制室的计算机操作来实现。垃圾在 850～1 100℃高温下充分燃烧，通过 DCS 自动控制系统和先进的燃烧控制系统，能够及时调整炉内垃圾的燃烧状况，及时调节炉排运行速度和燃烧空气量。在垃圾焚烧过程中，运用了多套高标准的环保设施来实现无害、环保的目标。在垃圾运送至垃圾坑后，收集的垃圾渗滤液经过渗滤液处理系统的处理，可实现达标排放。垃圾焚烧后产生的炉渣经收集后实现了再利用。焚烧过程中产生的有害气体和粉尘，经半干式烟气净化装置脱酸净化、高效率布袋除尘器的飞灰收集，各项烟气排放指标可全部到达国家标准，部分指标可达到欧盟标准；收集后的飞灰经整合固化，制成飞灰固化块再运到安全填埋场进行安全填埋。在厂门口竖有一块显示屏，对焚烧厂运行的主要数据进行公开，包括氯化氢、二氧化硫、一氧化碳、氮氧化物、二噁英以及不透光率和烟尘等相关指数。显示屏幕上的二噁英每年监测 2 次，其他数值取每小时均值。显示屏上的数据，同时也公布在园区的网站上。

（一）垃圾焚烧发电的利弊分析

我国的垃圾焚烧发电始于 1985 年，最早是在城市建设和运行（第一家在深圳），后来逐步扩展到农村。现在，我国垃圾焚烧发电的技术已经完全成熟，但由于多种原因，推广速度甚慢。据了解，北京市采用焚烧发电处理的垃圾仅占全部垃圾的2%，其他地方就更是微乎其微了。有专家估算，仅此一项，全国就相当于每年白白浪费 2 800兆瓦的电力，被丢弃“可再生垃圾”的价值竟然高达250 亿元以上。

1. 垃圾焚烧发电处理方式的好处

一是去除有害物质较彻底。据调查，发电厂的垃圾一般在1 000℃左右进行点火，而垃圾在800℃以上焚烧时，就能够比较彻底地分解病原菌和有害物质，且尾气经净化处理达标后才予以排放，所以能较好地实现垃圾无害化。兴建垃圾电厂减少了填埋对地下水和填埋场周边环境的大气污染，有利于城市的环境保护，尤其是对土地资源和水资源的保护，实现可持续发展。

二是减容和节地效果突出。焚烧发电厂本身占地面积就比填埋场要小，焚烧后剩下的残渣又只有原来垃圾体积的10%~20%，重量只有原来的20%~30%，从而能够节约大量的土地资源，延长了填埋场的使用寿命，缓解了土地资源的紧张状态。

三是废物综合利用比较好。焚烧垃圾的余热可以供热和发电，炉渣可以制砖。按照日处理 1 000吨垃圾焚烧设备计算，年发电量可达 8 890万千瓦时，等于节约标准煤 2. 7 万吨，而且年减少氮氧化合物排放 267 吨、二氧化硫排放 427 吨。

四是污染少。垃圾焚烧后产生的渗滤液等致癌物质会大大降低。虽然经济效益不如燃煤或燃油的热电厂，但基本解决了垃圾的处理和环境污染问题，社会效益好。

五是处理率高。焚烧处理的垃圾量通常都是填埋场的好几倍，且焚烧发电厂的使用寿命比较长，与一个 10 年寿命的垃圾填埋场相比，其可使用 80~90 年。

2. 垃圾焚烧发电处理方式的弊端

一是投资大。建设一个大型垃圾焚烧发电厂需要十多亿元，中型的（日处理垃圾1 000吨左右）也需五六亿元甚至七八亿元，且投资回收期较长，投资商通常都是望而却步。

二是经济性较差。垃圾焚烧电厂的经济效益与垃圾的发热量有很大关系，而焚烧处理对垃圾的热值有比较严格的要求。国外的垃圾热值高，每千克垃圾燃烧可产生3 000千卡的热量，所以一般都规定，每千克垃圾的发热量达不到1 500千卡时是不宜建垃圾焚烧电厂的。我国的垃圾经过多次分拣挑选后，运到发电厂时，纸张等可燃物已经很少，垃圾含水量普遍高达60%，经过一定处理后，每千克燃烧产生的热值也只能达900~1 000千卡，仍然不适合用于焚烧发电。因此，垃圾发电厂普遍都要通过燃油、燃煤来助燃，这就导致垃圾发电的成本大大提高。

三是垃圾发电联网困难。所发的电能否上大网，以及电价如何算，都需要政府有关部门协商确定。现在的实际情况是，许多地方给予垃圾发电厂以优惠，每度电给予补贴几十元不等，即变成了高电价收购。

（二）垃圾焚烧发电的原理和流程

垃圾焚烧发电的基本原理是：垃圾作为锅炉燃料焚烧，加热锅炉使水产生蒸汽，蒸汽推动汽轮机做功，带动发电机发电。

在电厂，垃圾燃烧发电的流程大致是：垃圾入厂称重后，经筛选和粉碎，把那些不易处理和不能燃烧的垃圾清理掉，再送到室内的垃圾池内（有的发电厂无粉碎装置，垃圾运输车经称重后直接送到室内的卸料平台。平台入口设电动门及空气幕，以防止卸料区气体外逸，垃圾车通过卸料门将垃圾倒入垃圾池内）。垃圾在垃圾池内存放5~7天，充分脱水后，经垃圾池内安装的垃圾抓斗，将垃圾混合后投入垃圾给料斗。给料斗下部的推料器，将垃圾推入焚烧炉内的液压驱动炉排上进行焚烧。垃圾中的可燃成分在高温下与燃烧空气充分接触，完全燃烧。垃圾焚烧产生的炉渣落入刮板捞渣机的水槽中冷却，捞出后排至皮带输送机送至渣池，由桥式抓斗起重机装车，外运至填埋场填埋。炉排上垃圾焚烧产生的烟气，进入二次燃烧室，在二次燃烧室内喷入二次燃烧空气使之完全燃烧。完全燃烧后的烟气进入后部的余热锅炉进行热回收，将余热锅炉内的水加热成蒸汽，驱动汽轮发电机做功产生电力。发电机发出的电力可通过厂区的 110 千伏电力线接入大电网，也可供发电厂内自用。

烟气经余热锅炉后，进入尾部的烟气处理装置。烟气净化系统首先采用炉内脱销，向燃烧室内喷入尿素溶液，降低烟气中的氮氧化物的含量；接着喷入熟石灰和活性炭，熟石灰以去除烟气中的二氧化硫、氯化氢等酸性气体，活性炭以吸附烟气中的重金属和少量的二噁英。在反应器的下游装有布袋除尘器，烟气进入布袋除尘器，气流由袋外至袋内，粉尘被分离出来，净化后的烟气通过每个箱体的出口经引风机从烟囱排出。布袋除尘器的飞灰与反应器的排灰被输送至灰仓贮存，并由密闭罐车外运至有资质的无害化处理中心进行处理。

（三）垃圾焚烧发电的核心设备——焚烧炉

在垃圾发电过程中，焚烧炉是最重要的设备，相当于人的心脏。焚烧炉的种类比较多，根据不同的工作原理，可以分为机械炉排焚烧炉、CAO 焚烧炉、回转式焚烧炉、流化床焚烧炉、脉冲抛式等几种。相比之下，流化床焚烧炉更适合中国的国情。

（四）烟气净化系统

烟气净化系统是保证垃圾发电厂排出烟气达到环保标准的

设备，也非常重要。烟气净化系统的种类比较多，一般都由石灰制浆系统、中和反应塔、喷雾系统、活性炭喷射装置、布袋除尘装器和飞灰输送系统等组成，不但有耐腐蚀性能，而且对垃圾焚烧烟气烟气成分的适应性比较强。

（五）废渣处理

由于垃圾组成及焚烧工艺不同，灰渣的产生量也就不同，一般为垃圾焚烧前总重量的5%~30%。

根据收集位置的不同，焚烧灰渣可分为底灰和飞灰。底灰是焚烧中由炉床尾端排出的残余物，主要含有焚烧后的灰分和未完全燃烧的残渣，占灰渣总量的80%；飞灰是指由空气污染物控制设备所收集的细微颗粒，占灰渣总量的20%。焚烧灰渣中重金属含量较高，不宜在产生地长期存储，必须进行必要的稳定化处理，然后运至填埋场填埋。稳定化处理包括以下三种方式：一是水泥固化，通常采用普通硅酸盐水泥，但对于重金属含量特别高的飞灰，则用超快硬水泥等特殊水泥；二是药剂稳定化，即加入含氯和含硫的有机螯合剂，与重金属反应，生成不溶性重金属化合物，使其沉积下来，多与水泥固化混合使用；三是熔融固化（玻璃化），即高温熔融反应，使重金属固结在生成的玻璃体中。

根据焚烧的温度不同，又可将底灰分为以下两种：一是1 000℃以下焚烧炉排出的普通的焚烧残渣；二是1 500℃高温焚烧炉排出的熔融状态的残渣，也叫烧结残渣。普通的焚烧残渣可用滚筒筛筛分后，小物料进行磁选和浮选，分别回收和玻璃沙粒，剩余物做建筑材料。烧结残渣是密度很高的块粒状物质，由于玻璃化作用，使其具有强度高、重金属浸出量少等特点，是优质的建筑材料。

（六）厨余垃圾发电

厨余垃圾包括吃剩的饭菜、油汤、烂菜叶、果皮，被抛弃的腐败食物、过期食品等，其中的有机物很多，发电原理与农村利用沼气做燃料发电相似。发电厂的主体部分是一个巨大的发酵罐，如同农村的沼气坑。首先将厨余垃圾进行高温消毒，以免其中的病菌或其他外来微生物危害发酵罐中的微生物；再将高温消毒过的厨余垃圾输送到大型发酵罐里，加入适量的水，让这些垃圾进行混合，并成为流体状。发酵罐中大量的微生物——主要是甲烷细菌，不断吞食、消化厨余垃圾中的有机物，并排放出甲烷气体。这些甲烷气体热值很大，可燃性很好，既可以用于燃烧发电，也可以直接输送给其他工厂作为燃气。一些不能被微生物消化的有机物，则慢慢沉淀在发酵罐中，成为淤泥。这些淤泥仍然富含不少营养物质，经过无害化处理后，可用作有机肥料。

厨余垃圾发电应该大力推广，因为它有两大优势：一是垃圾在露天暴露的时间很短（一般不会超过 1 天），在尚未发出浓重恶臭之前就进入了发酵罐，产生病菌的可能性较小，对土壤、空气和水源的污染会很少；二是厨余垃圾发电技术相对比较简单，投资较少，规模小的发电厂，1 亿多元即可建成。

（七）关于二噁英

1. 二噁英的概念

二噁英又叫二氧杂芑，英文名 Dioxin，它不是单一物质，而是指含有 2 个或 1 个氧键联结 2 个苯环的含氯有机化合物，由于氯原子在 1~9 的取代位置不同，而构成两大类、210 种有机化合物，其中一类叫多氯代二苯，包括 75 种异构体化合物；另一类叫多氯代二苯并呋喃，包括 135 种异构体化合物。二噁英是白色结晶体，无色无味，极难溶于水，分子量 321.96，熔点较高，800℃以上才分解，而且温度一旦降到 300~500℃时，少量已经分解的二噁英还会重新合成。这两大类有机化合物的结构和性质都很相似，都是很强的内分泌干扰物，是脂溶性物质，可以溶于大部分有机溶剂，生物半衰期较长，在人体内可长达5~10年（平均为7年），是国际上首批列入控制的12种持久性有机污染物之一，我国的环境标准中把它们统称为二噁英类。自然界的微生物和水解作用对二噁英的分子结构影响较小，因此，环境中的二噁英很难自然降解消除。

2. 二噁英的产生

垃圾中的含氯前体物，通常包括两大类，一是聚氯乙烯，即经常使用的一种塑料；二是五氯苯酚，即皮革制品、纺织品、木材、织造浆料和印花色浆中采用的一种防霉防腐剂。垃圾在燃烧过程中，这些氯前体物的分子通过重排、自由基缩合、脱氯或其他分子反应等过程，便会生成二噁英。

二噁英不是只有垃圾焚烧才产生，而是有机物与氯一起加热就会产生。

因此，火山爆发及森林火灾是自然界中二噁英的主要来源，木材燃烧、金属冶炼、造纸业、水泥业也都会释放出二噁英，在土壤、空气、水中有时也能发现二噁英。专家检测得知，大气环境中的二噁英90%来源于一些污染较重的工业，如炼钢、火力发电等工业锅炉燃烧，纸浆漂白过程等。垃圾焚烧厂产生的二噁英占的比重非常低，并不是二噁英排放物的主要来源。

德国2003年的一份研究报告表明，生活垃圾每千克中约含有50纳克的二噁英，约有64.7%的二噁英在高温燃烧时得以分解，有35.3%左右的二噁英在燃烧以后排放出来。专家测定，这些排放出来的二噁英，在飞灰中最多，含量约达15.40纳克/千克；其次是在炉渣中，含量约为1.75纳克/千克；再次是在烟气中，含量约为0.48纳克/千克。也就是说，通过垃圾焚烧技术处理以及改善垃圾的燃烧条件，可以有效减少二噁英的产生；而如果再能够将飞灰中所含的二噁英收集起来，将炉渣中所含的二噁英加以固化，那么，生活垃圾在焚烧后由烟气排放的二噁英就会微乎其微，完全可以将其控制在足够低的水平，达到环保规定的标准。我国 2014 年 7 月 1 日已经生效的《生活垃圾焚烧污染控制标准》规定，每立方米烟气中二噁英含量小于 0.1 纳克（即 $1/10^{10}$ 克），比原有标准收严了 10 倍，这与欧盟的标准是一致的。

3. 二噁英的危害

二噁英之所以危害比较大，是因为它是很强的内分泌干扰物，又是脂溶性物质，而且无色无味，不易被人们所察觉，加之具有累积效应，在人体脂肪里面降解的速度非常慢，需要几十年。人若暴露于含二噁英污染的环境中，可能引起皮肤痤疮、头痛、失聪、忧郁、失眠等症，并可能导致男性生育能力丧失，女性青春期提前，免疫功能下降，智商降低，精神疾患，心力衰竭，癌症，胎儿发育异常甚至死亡等。

二噁英中以 2、3、7、8-TCDD 的毒性最强，相当于氰化钾的 1 000倍，为一级致癌物质，只要一盎司（28. 35 克）就可以杀死 100 万人，这是迄今为止化合物中毒性最大且含有多种毒性的物质之一。

4. 减少二噁英的措施

要想减少垃圾焚烧厂烟气中的二噁英，必须采取措施，控制二噁英的生成和排放。其措施主要包括：

（1）选用合适的焚烧工艺，使垃圾在焚烧炉得以充分燃烧，以减少烟气中单质态碳的含量。

（2）控制炉膛及燃烧室温度，烟气在进入余热锅炉前烟道内的烟气温度不低于 850℃，在炉膛及二次燃烧室内的停留时间不少于 2 秒，并合理控制助燃空气的风量。

（3）缩短烟气在排入过程中处于 300 ~ 500℃ 的时间，控制余热锅炉的排遣烟温度不超过 250℃ 左右。

（4）选用新型布袋式除尘器，控制除尘入口的烟气温度，并在进入袋式除尘器的烟道上，设置活性炭等反应吸附剂的喷射装置，进一步吸附二噁英。

（5）在焚烧厂中设置先进、完善和可靠的全套自动控制系统，使焚烧和净化工艺得以良好的执行。

（6）通过分类收集或预分拣，控制生活垃圾中氯和重金属含量高的物质进入垃圾焚烧厂。

（7）对飞灰，必须使用专门容器收集后进行安全处置。

5. 我国垃圾焚烧厂对二噁英的控制

我国已投产的生活垃圾焚烧厂，均委托国家核准的专业监测单位，对二噁英排放进行检测。从上海、广州、天津等地的监测结果来看，采用引进设备或引进技术的生活垃圾焚烧厂，都能达到0.1纳克/立方米的现行标准。

6. 焚烧厂选址与二噁英

由于技术成熟，污染得到有效控制，臭味能够基本消除，特别是所排放的二噁英如果达标，垃圾焚烧厂就不会对周围人群产生不利影响。所以，许多发达国家的部分垃圾焚烧厂就建在市区，以降低运输费用，周边有学校、医院、居民区、敬老院和食品加工厂等设施，以利于热能的回收利用。例如，美国俄亥俄州的 East Liverpool 垃圾焚烧厂，相距300英尺（约91.5米）就有居民居住，在1 100英尺（约335米）处有一座小学。对这座运营10多年的焚烧厂附近居民的人群健康风险调查表明，均在正常范围之内。

我国对垃圾焚烧厂选址要求很严，一般要求距居民区300米以上，原因是如果焚烧厂产生的二噁英等有害有毒气体超标时，可以尽最大可能地减轻其对人们的影响。何况现在特别强调依法治国，各有关部门不断地加强监督检查，各企业严格执行新国标，二噁英等有害有毒气体排放一般是不会超标的。

六、水泥窑协同处置

我们在全国最早协同处置固体废物的北京水泥厂和西北唯一一家协同处置生活垃圾的甘肃平凉海螺水泥厂看到，将垃圾作为生产水泥的原料及燃料加以利用，不仅能够实现垃圾的无害化、资源化和能源化利用，避免了这些废弃物排放和堆存所造成的环境污染，促进环境治理，提高环保质量，而且节省了大量的自然资源，对发展循环经济有重要的促进作用。具体来说，水泥窑协同处置垃圾有以下突出优势。

（1）有机物和有毒有害成分能被彻底摧毁和分解。水泥回转窑内温度很高——物料温度在1 450~1 550℃，气体温度在1 700~1 800℃；焚烧时间又长——水泥回转窑筒体长，垃圾在高温状态下要经过较长的路径，总的焚烧时间可长达40分钟左右，气体在高于950℃和1 300℃状态下停留时间分别超过8秒和3秒，这两个因素都能使垃圾中各种不同性质和形态的废料充分燃烧，使有机物和有毒有害成分得以彻底分解，从而被彻底地“摧毁”和“解毒”。加之良好的冷却和收尘设备，有机物被彻底分解后又被较高地吸附、沉降和收尘，排入大气的灰尘和有害气体大大降低，一般去除率达到99.99%以上，不存在二噁英问题。而且，回转窑内的碱性氛围可以有效抑制酸性物质的排放，使得二氧化硫等化学成分化合成盐类固定下来，重金属离子也被固化在熟料中，没有一般焚烧炉焚烧产生炉渣的问题。

（2）能量能够得到充分利用。水泥厂新型干法窑同时采用余热发电技术后，可回收利用垃圾中的热能，最终使垃圾做到完全资源化。同时，可解决许多地方垃圾分拣不彻底（即表面上将垃圾分类回收，而实际上最终又混合到一起）的问题。

（3）节约土地。水泥厂协同处置垃圾时，在利用厂区现有土地的基础上，只增加垃圾贮存和预处理等工序所需的土地即可，这就大大节约了垃圾填埋处理占用的土地，并且减轻了对环境造成的污染。

（4）投资少。据北京金隅红树林环保技术公司测算，水泥窑年协同处置1万吨和3万吨固体废弃物，改造项目建设分别只需投资3 000万元和5 000万元；年处置10万吨固体废弃物，则只需投资1亿元。据甘肃平凉海螺水泥厂实践，年处理10万吨生活垃圾，只需投资8 929万元。这比单纯建垃圾焚烧发电厂的投资要少许多。

正因为如此，有条件的地方都应该大力推广水泥窑协同处置废弃物这种方式。

七、我国垃圾处置的其他方式

（一）垃圾气化

垃圾气化是指在一个封闭环境中，在高温高压下，将垃圾中的有机物转变成可燃气体。垃圾气化主要有热解气化和高温气化两种方法。

热解气化是将有机质在缺氧的条件下，以每秒100℃的升温速率，非常快地升至很高的反应温度（1 000～2 000℃），利用热能使化合物的化合键断裂，在停留很短的时间（小于0.5秒），产物急冷后，会全部转化成气体——燃气。

高温气化是使固体有机物在高温、绝氧的环境下分解生成可燃气体。高温气化的条件比较苛刻，操作温度要高于900℃，压力要达到59.810 5帕。

由于高温及较长的驻留时间可摧毁复杂的有机化合物，产生的可回收综合性燃气经干燥和清洁处理后，可以直接燃用，也可提供内燃机和发电用，全过程产生的水被净化、回收利用，无废水的排放，因此，垃圾气化的优点非常突出，不但反应速度快，所产生的气体热值高（净化后热值可达4.4～5.9

兆焦/立方米)，便于输送和储存，减容性显著、能源利用率高，而且污染小、环保效果好，被认为是最具潜力的垃圾处理技术之一。

(二) 垃圾液化

垃圾液化是指利用生物、化学、物理等方式使固体垃圾转变成液态的一种处理方式。垃圾液化主要包括微生物发酵液化和热裂解液化两种。

微生物发酵液化是将分选好的垃圾，利用常压法与加压法，将垃圾中的纤维素、半纤维素等有机质水解生成己糖和戊糖，在温度为25℃、pH值为3.60的酸性条件下，在酵母作用下发酵，可以制取乙醇，产率可达64.86%。用它生产的乙醇价格仅为现有同类产品的50%，并且生产效率很高，10吨垃圾可制造2.5吨乙醇。

热裂解液化是在温度300℃、压强为1.210 4千帕的高压反应器中，经过一定的停留时间，垃圾的有机质快速热裂解为液态燃料，产物中烯烃类产品可高达20%。

利用液化技术，可以将垃圾中70%以上的有机质转变成为乙醇或重油，使有害垃圾量减少，产生的液体燃烧值比较高（一般为3.351 04千焦/千克)，且密度大，有利于保存和运输。

(三) 垃圾衍生燃料技术

垃圾衍生燃料技术（即RDF技术)，是通过分选、破碎、加料、成型等工艺，利用生物及化学的方法，从垃圾中生产出热值高且稳定的固体燃料——垃圾燃料。RDF产品再通过燃烧而回收能量，可以作为锅炉以及食品加工业的辅助燃料使用，还可作为热电厂和垃圾发电厂的燃料。RDF技术主要包括加压干馏法、浓缩法和成型法。

加压干馏法——用膨胀土做催化剂，将生活垃圾加温至

200℃、加压到 1. 471 03 千帕，处理 3 小时，脱去垃圾所含的绝大部分水分，使固态成分碳化，可制成以不饱和烃为主要成分的垃圾煤。该法的优点是不需要外加能量，燃烧时无二次污染，热值也较高。

浓缩法——将去除了灰土、金属等成分的生活垃圾切碎，在旋转炉中加热至 200℃烘干，经风选后与无机物分离，再将可燃物质压缩，制成颗粒状浓缩垃圾煤。这种垃圾煤发热量一般为 1. 681 04 千焦/千克左右，可用于发电，效率比直接焚烧垃圾高 70%，并且投资小、见效快、收回成本时间短，其利润是煤发电的 5 倍。

成型法——将垃圾去除砂石和大部分水后，与工业废弃物一起，加工成棒状颗粒等形状的固体燃料，直接用于发电。

RDF 的优点，一是垃圾衍生燃料无腐烂现象、无臭味，密度达 0. 5~6 吨/立方米，适用于远距离运输和长时间储存；二是产品品质稳定并趋于一致，燃烧稳定，可减少二噁英的排放；三是焚烧速度快而完全。RDF 的缺点是，该技术尚处于起步阶段，在制造工艺、燃烧方式、炉内脱氯机制以及排灰处理等方面，仍存在着许多尚未探明的问题。所以，RDF 的推广应用受到很大限制。

（四）废旧农膜利用处置

1. 旱作农业地区秋季“白色垃圾”一片

我国水资源严重短缺的旱作农业省份，近年来积极推广全膜双垄沟播技术，地膜覆盖面积迅速扩大，加之许多省市以日光温室和塑料大棚为主的设施农业也呈加快发展之势，棚膜的使用量也在快速增长，从而使各种农用塑料薄膜的使用量急剧增加。例如，甘肃省 2014 年各类农作物地膜覆盖面积已达 2 752. 5万亩，占农作物面积的 45%，地膜使用总量达 15. 58 万吨。但与此同时，农作物收获以后，大量的农膜被随意弃在田间地头或庄前屋后，随风乱跑，到处都是。塑料地膜的主要成分是聚丙烯、聚氯乙烯。废旧地膜几十年都不腐烂、不降解，造成土壤板结，通透性变差，地力下降，严重影响了农作物对水分、养分的吸收利用，不同程度地抑制了农作物的生长发育，因而被人们称为“白色垃圾”。据不完全统计，全国每年约有 50 万吨农膜残留于土壤。这些残留农膜如不回收利用和处置，势必对农业的可持续发展构成严重威胁。

2. 废旧农膜利用处理方式及其趋势

一般都是将废旧农膜进行水洗，除去附着在农膜上的杂物，打捞出来后，放入造粒机中加工成条状，用切粒机将条状物加工成颗粒，再把这些颗粒加工成内黏膜编织袋、管材等塑料制品。这种做法，在甘肃省庆阳中盛再生资源利用有限公司等企业都可以看到。

既然废旧农膜利用处理的方式和工艺很简单，那为什么许多旧膜不能被利用处理呢？问题的关键是回收非常难。废旧地膜被风吹散得到处都是，或一片一片地挂在树枝上，或一片一片地在地边、地沟里，靠人工一片一片地捡拾，既慢又脏又费事，旧膜又卖不上价钱，没有人愿意干，捡拾的机器不好制造，且成本高，销售差；加之废旧农膜加工利用的产品品种少，利润空间非常小，厂家愿意干者少之又少。这就要在市场行为的同时，政府必须采取得力措施，特别是用政策来引导和鼓励。

在这方面，有些省下了很大的工夫，例如，甘肃省专门制定了《废旧农膜回收利用条例》，该条例贯彻实施一年多来，各级认真监督执法，并建立健全回收体系，加大扶持引导力度，将废旧农膜回收利用指标纳入省级政府公开招标采购地膜范围。2014 年省财政安排废旧农膜回收利用专项资金 2 000万元，各地还配套 1 364万元，全省从事废旧农膜回收加工的各类企业已达 293 家，乡、村回收网点达 2 148个，有力地解决了回收难、污染重的问题。2014 年全省共回收利用处理废旧地膜 11.75 万吨，回收利用率达 75.4%；回收利用棚膜 5 万吨，基本达到了全回收。

（五）垃圾辐射处理

垃圾辐射处理，是将放射性技术应用于垃圾处理的方法。与化学、生物以及发酵处理法相比，该方法优点非常显著：一是设备简单，操作方便。用泵或其他传送工具把垃圾送进辐射处理设备，一般采用 40 万拉德以上的辐射剂量和 850 千电子伏的电子束能量，经放射线照射即可，处理的费用并不高。二是杀菌较彻底。放射线照射后，就能够杀菌，而且放射线穿透力强，杀菌较彻底。垃圾经过照射，颗粒还会由小变大，从而使污泥具有良好的脱水和沉淀性能。三是不存在消除放射性吸收量的后处理问题。

该方法的缺点，一是处理量小。垃圾量如果大，就处理不了。二是投资大。购置相应的设备，需要比较多的资金，一般都承担不起。所以，通常最多也只能处理一些污泥。

第十章　农业废弃物资源化利用与循环经济

第一节　中国循环经济政策法律

一、循环经济概念

循环经济的思想萌芽可以追溯到环境保护兴起的20世纪60年代。美国经济学家鲍尔丁提出的“宇宙飞船理论”可以作为循环经济的早期代表。他将地球比作一艘在宇宙中飞行的宇宙飞船，必须依靠自身有限的资源才能生存。如果对飞船的有限资源进行过度的索取，就会加速飞船的灭亡；反之，如果对飞船的资源加以循环利用，则会延长飞船的寿命。

（一）循环经济的概念

循环经济是对物质环形流动型经济的简称。从物质流动的方向看，传统工业社会的经济是一种单向流动的线性经济，即“资源→产品→废弃物”，线形经济的增长，依靠的是高强度地开采和消耗资源，同时高强度地破坏生态环境；而循环经济则是一种“促进人与自然协调与和谐”的经济发展模式，以“减量化、再循环、无害化”为社会经济活动的行为准则，运用生态学规律把经济活动组织成一个“资源→产品→再生资源”的反馈式流程，实现“低开采、高利用、低排放”，以最大限度利用进入系统的物质和能量，提高资源利用率，最大限度地减少污染物排放，提升经济运行质量和效益。

循环经济是一种以资源的高效利用和循环利用为核心，以“减量化、再利用、资源化”为原则，以低消耗、低排放、高效率为基本特征，符合可持续发展理念的经济增长模式，是对“大量生产、大量消费、大量废弃”的传统增长模式的根本变革。从资源流程和经济增长对资源、环境影响的角度考察，增长方式存在着两种模式：一种是传统增长模式，即“资源-产品-废弃物”的单向式直线过程，这意味着创造的财富越多，消耗的资源就越多，产生的废弃物也就越多，对资源环境的负面影响也就越大；另一种是循环经济模式，即“资源—产品—废弃物—再生资源”的反馈式循环过程，可以更有效地利用资源和保护环境，以尽可能小的资源消耗和环境成本，获得尽可能大的经济效益和社会效益，从而使经济系统与自然生态系统的物质循环过程相互和谐，促进资源的永续利用。

（二）循环经济的内涵

循环经济是运用生态学规律来指导人类社会的经济活动，是以资源的高效利用和循环利用为核心，以“减量化、再利用、再循环”为原则，以低消耗、低排放、高效率为基本特征的社会生产和再生产范式，其实质是以尽可能少的资源消耗和尽可能小的环境代价实现最大的发展效益；是以人为本，贯彻和落实新科学发展观的本质要求；是实现从末端治理转向源头污染控制，从工业化以来的传统经济转向可持续发展的经济增长方式，从单纯的科技管理转向经济-社会-自然复合生态系统，从多部门分兵治理转向国家统一部署，与经济目标、社会目标和文化目标的有机结合，通过人文社会伦理教育、法律制度建设和科技创新“三箭齐发”，整合和优化经济系统各个组成部分之间的关系，走新型工业化道路，从根本上缓解日益尖锐的资源约束矛盾和突出的环境压力，全面建设小康社会目标，促进人与自然和谐发展的现实选择；是实现由依靠物质资源为主转向依靠智力资源为主，由生态环境破坏型转向生态环境友好型的历史性和突破性的重大革命；是建设物质文明、精神文明和政治文明，乃至生态文明的有效途径；是人类对人与自然之间关系深刻反思的积极成果。

(三) 循环经济的特征

循环经济是集经济、技术和社会于一体的系统工程，其主要特征如下。

1. 尊重生态规律

在传统工业经济的各要素中，资本在循环，劳动力在循环，而唯独自然资源没有形成循环。循环经济观要求运用生态学规律，而不是仅仅沿用 19 世纪以来机械工程学的规律来指导经济活动，不仅要考虑工程承载能力，还要考虑生态承载能力，力图把经济活动纳入生态系统的运行轨道。人类活动必须尊重生态规律，尽量减少资源消耗和保护生态环境。作为生产要素，自然生态环境不能再免费使用，而应当作为社会共有财产进行定价，使生产者按照费用最小化的原则节约使用它们。

2. 最大限度地节约资源

循环经济观在考虑自然资源时，不再像传统工业经济那样将其作为“取料场”和“垃圾场”，也不仅仅视其为可利用的资源，而是将其作为人类赖以生存的基础，是需要维持良性循环的生态系统。发展循环经济要求建设“资源节约型社会”。能源和资源的节约不仅包括少用资源，降低消耗，而且包括资源的综合使用、多次使用、循环使用，提高资源的利用效率和再生化率。因此，与高消耗、低效益、高排放的粗放经济相反，循环经济以低消耗、高效率、低排放为基本特征，以资源的高效利用和循环利用为核心，是对“大量生产、大量消费、大量废弃”的传统增长模式的根本变革。传统经济是“资源→产品→污染排放”单向性生产流程的线性经济，循环经济则实行“资源→产品→废弃物→再生资源”的反馈式生产流程，通过开采资源，生产产品，回收废旧物品，重新利用，实现资源循环利用和综合利用。循环经济理念改变了重开发、轻节约，重速度、轻效益，重外延发展、轻内涵发展，片面追求 GDP 增长、忽视资源和环境的倾向，符合可持续发展的理念。

3. 促进可持续发展

传统工业经济的生产观念是最大限度地开发利用自然资源，最大限度地创造社会财富，最大限度地获取利润。循环是指在一定系统内的运动过程，循环经济的系统是由人、自然资源和科学技术等要素构成的大系统。循环经济依据生态规律，通过工业或产业之间的代谢和共生关系，依靠技术系统，在相关企业间构建资源共享、副产品互用的循环圈，大幅度降低输入和输出经济系统的物质流，形成相对封闭的循环产业链条，使尽可能多的物质和能源在不断进行的经济循环中得到合理和持久的利用，尽可能实现物尽其用，达到资源节约和保护环境的目的。

二、《中华人民共和国循环经济促进法》确立的相关法律制度

（一）循环经济规划制度

循环经济规划是国家对循环经济发展目标、重点任务和保障措施等进行的安排和部署，是政府进行评价考核和实施鼓励、限制或禁止措施的重要依据。因此，在我国《中华人民共和国循环经济促进法》中有多条内容涉及关于循环经济规划制度的内容，例如第三条明确规定了建立循环经济规划制度的基本方针，即“发展循环经济是国家经济社会发展的一项重大战略，应当遵循统筹规划、合理布局，因地制宜、注重实效，政府推动、市场引导，企业实施、公众参与的方针”；第

六条则明确强调“县级以上人民政府编制国民经济和社会发展规划及年度计划，县级以上人民政府有关部门编制环境保护、科学技术等规划，应当包括发展循环经济的内容”；第十二条第一款则特别规定了国家及地方有关部门应当编制循环经济发展规划，并且在第二款中明确了循环经济发展规划所应涵盖的具体内容——“规划目标、适用范围、主要内容、重点任务和保障措施等，并规定资源产出率、废物再利用和资源化率等指标”。

（二）总量控制指标制度

当前一些地方将经济增长建立在过度资源消耗和污染环境的基础上，违背了可持续发展的要求。针对这种情况，在我国《中华人民共和国水污染防治法》《中华人民共和国大气污染防治法》《中华人民共和国土地管理法》及《中华人民共和国水法》等法律相关规定的基础上，《中华人民共和国循环经济促进法》也就污染排放、土地利用、水资源利用等方面的总量控制作出了相应的规定，即“县级以上地方人民政府应当依据上级人民政府下达的本行政区域主要污染物排放、建设用地和用水总量控制指标，规划和调整本行政区域的产业结构，促进循环经济发展；新建、改建、扩建建设项目，必须符合本行政区域主要污染物排放、建设用地和用水总量控制指标的要求”。此外，由于循环经济发展监管部门已不再如《中华人民共和国水法》《中华人民共和国土地管理法》和《中华人民共和国水污染防治法》那样由单一业务部门负责，而是由综合经济管理部门负责；而由于综合经济管理部门较之上述其他部门在经济发展监管方面的权威性，而使得该部门可以通过涉及资源、环境等的建设项目审批领域的权威性，而起到在积极监管与促进循环经济发展的更加重要的作用。

（三）循环经济统计制度

建立健全循环经济统计制度和循环经济标准体系是减量

化、再利用和资源化相关法律规定实施的前提和基础。对此，《中华人民共和国循环经济促进法》在第十七条规定了“国家建立健全循环经济统计制度，加强资源消耗、综合利用和废物产生的统计管理，并将主要统计指标定期向社会公布。国务院标准化主管部门会同国务院循环经济发展综合管理和环境保护等有关部门建立健全循环经济标准体系，制定和完善节能、节水、节材和废弃物再利用、资源化等标准”。建立循环经济统计制度，可以通过对各行各业生产过程中能耗、物耗等资源消耗水平的统计与公布，达到企业逐步实现循环经济发展之目标，以及利于政府主管部门、社会大众实现对企事业等单位能耗、物耗、水耗及其可能造成的环境污染、资源破坏的监督作用。

（四）重点资源消耗单位的重点监管制度

为更有效地实现对高耗能、耗水企业在用能、用水方面的监督管理，《中华人民共和国循环经济促进法》在第十六条中还特别针对这些单位规定了相应的“重点监管制度”，即“国家对钢铁、有色金属、煤炭、电力、石油加工、化工、建材、建筑、造纸、印染等行业年综合能源消费量、用水量超过国家规定总量的重点企业，实行能耗、水耗的重点监督管理制度”。同时，该法还针对重点能耗单位节能方面的监督管理，规定依据《节约能源法》的执行能源利用状况报告制度，即《节约能源法》第五十三条“重点用能单位应当每年向管理节能工作的部门报送上年度的能源利用状况报告。能源利用状况包括能源消费情况、能源利用效率、节能目标完成情况和节能效益分析、节能措施等内容。”

（五）生产者责任延伸制度

生产者责任延伸制度旨在让生产者依法承担产品废弃后的回收、利用、处置等责任。该制度将生产者的责任从单纯的生产阶段、产品使用阶段逐步延伸到产品废弃后的回收、利用和处置阶段应承担的相应责任。对此，《中华人民共和国循环经济促进法》第十五条规定，生产列入强制回收名录的产品或者包装物的企业，必须对废弃的产品或者包装物负责回收；对其中可以利用的，由各该生产企业负责利用；对因不具备技术经济条件而不适合利用的，由各该生产企业负责无害化处置。对前款规定的废弃产品或者包装物，生产者委托销售者或者其他组织进行回收的，或者委托废物利用或者处置企业进行利用或者处置的，受托方应当依照有关法律、行政法规的规定和合同的约定负责回收或者利用、处置。对列入强制回收名录的产品和包装物，消费者应当将废弃的产品或者包装物交给生产者或者其委托回收的销售者或者其他组织。

（六）财税优惠激励制度

为保护新兴的循环经济产业，国家财税优惠激励制度必不可少。《中华人民共和国循环经济促进法》专门用一章的篇幅就专项资金、财政性资金和税收优惠等方面对财税优惠激励制度作出了规定。如《中华人民共和国循环经济促进法》第四十二条规定，国务院和省、自治区、直辖市人民政府设立发展循环经济的有关专项资金，支持循环经济的科技研究开发、循环经济技术和产品的示范与推广、重大循环经济项目的实施、发展循环经济的信息服务等。第四十三条要求，国务院和省、自治区、直辖市人民政府及其有关部门应当将循环经济重大科技攻关项目的自主创新研究、应用示范和产业化发展列入国家或者省级科技发展规划和高技术产业发展规划，并安排财政性资金予以支持。同时还要求利用财政性资金引进循环经济重大技术、装备的，应当制定消化、吸收和创新方案，报有关主管部门审批并由其监督实施；有关主管部门应当根据实际需要建立协调机制，对重大技术、装备的引进和消化、吸收、创新实行统筹协调，并给予资金支持。第四十四条还要求，国家对促进循环经济发展的产业活动给予税收优惠，并运用税收等措施鼓励进口先进的节能、节水、节材等技术、设备和产品，限制在生产过程中耗能高、污染重的产品的出口。企业使用或者生产列入国家清洁生产、资源综合利用等鼓励名录的技术、工艺、设备或者产品的，按照国家有关规定享受税收优惠。

《中华人民共和国循环经济促进法》中引入的上述制度，对于开展我国农业废弃物资源化综合利用管理，同样具有积极而普遍的意义。

第二节　循环经济与农业废弃物资源化综合利用

一、循环经济提供了农业废弃物资源化的理论依据

形成高污染、高消耗、低效益生产方式的原因是：长期以来我们沿袭线性经济发展模式，从生态环境中获取生存和发展所需的资源，在满足生产之后，又把生态环境作为“垃圾箱”直接向其中排放废弃物。伴随工业经济的高速发展，这种线性经济模式被强化了，对生态环境的干扰力度超过了其自身的恢复和承受能力，人与生态环境之间的和谐关系遭到破坏。要恢复人与生态环境之间的和谐，就必须在促进经济增长的同时顾及到生态环境的承受能力，从工业、农业经济系统内部发掘资源、能源，改变过去那种将生态环境作为“垃圾箱”，直接把废弃物排放在其中，造成恶劣的环境污染。

循环经济为解决上述问题提供了理论依据。例如，农业生产废弃物在农业经济系统内部的循环流动，能够延缓对生态环境的输出过程，对经济系统所输出的废弃物进行环境无害化处理，使废弃物以生态环境能够容纳的形态重新流回生态环境系统中，既减少了污染，又创造了经济价值。

农业生产废弃物在农业经济系统与生态环境系统之间的循

环流动，是一种深层次的循环。这种系统与系统之间的物质循环，实际上体现了农业生产废弃物在循环经济过程中的减量化、再利用、无害化。它将农业经济系统作为子系统和谐的纳入生态环境系统中，促进2个系统的协调共生。这种经济发展方式能够减少对自然资源和能源的索取，更有效地利用农业废弃物，将农业生产废弃物转化为可以继续利用的资源，形成“资源—产品—再生资源—再生产品”的物质流动闭合回路，最终顺畅地进入生态环境系统中，降低农业生产废弃物对生态环境的影响，为生态环境减轻负担，并且提供自我恢复的空间。另外，资源化了的农业生产废弃物作为新的资源和能源在降低自然资源消耗的同时，给农业经济增长提供了有力的支撑。循环经济模式下，人与生态环境之间互动影响已不再是破坏生态环境、限制经济发展的障碍，而是表现为一种社会、经济和环境“共赢”的有利局面。

二、循环经济提供了农业废弃物资源化的技术依据

农业废弃物经过一定技术处理后变成有用资源，再通过种植、养殖、加工等生产过程，生产出新的产品的过程，即可谓农业废弃物与农业资源之间的农业循环经济发展模式。

以农作物秸秆为例，将农业生产过程中的副产品——农作物秸秆，通过加工处理变成了有用的资源加以利用，实现秸秆的肥料化、饲料化、原料化或能源化，减低了废弃物排放，消解了对环境的污染，保护了生态环境，促进了农业的可持续发展。秸秆肥料化主要采用秸秆直接还田、过腹还田或沤制还田等技术，利用秸秆富含有机质，改良土壤结构，增强土壤的蓄水保肥能力，减少化肥、农药等施用量。秸秆饲料化是利用花生、玉米等农作物秸秆富含较高营养成分，通过青贮、微贮及氨化等处理措施，使秸秆便于牲畜消化吸收。秸秆原料化，指利用小麦、稻谷秸秆作为造纸原料，利用小麦秸秆制取糠醛、

纤维素，利用稻壳生产免烧砖、酿烧酒，利用稻草制取膨松纤维素、板材或编织草帘、草苫等。农作物秸秆能源化，指秸秆进沼气池制沼气、秸秆气化和秸秆发电等作为能源利用。

三、循环经济为农业废弃物资源化提供了政策法律依据

与传统经济相比，循环经济的不同之处在于：传统经济是一种由“资源—产品—污染排放”单向流动的线性经济，其特征是高开采、低利用、高排放。它导致了自然资源的浪费、短缺乃至枯竭，并酿成灾难性的环境污染后果。而循环经济倡导的是一种与环境和谐的，建立在物质不断循环利用基础上的经济发展模式。它要求遵循生态学规律，合理利用自然资源和环境容量，在物质不断循环利用的基础上发展经济，使经济系统和谐地纳入到自然生态系统的物质循环过程中，实现经济活动生态化。它倡导的是一种与环境和谐的经济发展模式，遵循“减量化、再利用、再循环”原则，采用全程处理模式，已达到减少进入生产流程的物质量、以不同方式反复利用某种物品和废弃物的资源化目的，是一个“资源—产品—再生资源”的闭环反馈式循环过程，实现从“排除废弃物”到“净化环境”到“利用废弃物”的过程，达到“最佳生产，最适消费，最少废弃”的效果。

同样的农业废弃物，从生产和消费过程看是无用之物，而从循环经济看则可能是可再利用的资源，是可再生的能源。同样的农村生活垃圾，作为垃圾一埋、一焚了之，作为可再生能源则可以变废为宝，通过焚烧发电供热，既造福社会，又节约能源。如果从产品经历的环节而言，在生产环节，通过严格排放强度准入，鼓励节能降耗，实行清洁生产并依法强制审核；在废弃物产生环节，通过强化污染预防和全过程控制，实行生产者责任延伸，合理延长产业链，强化对各类废弃物的循环利用；在运输流通环节，通过强调避免过度包装、提倡包装物回

收与再利用，来实现产品流通环节的废弃物减量化；在消费环节，通过大力倡导环境友好的消费方式，实行环境标识、环境认证和政府绿色采购制度，完善再生资源回收利用体系。这一切都需要通过立法，把污染者付费变成在全社会强制推行的理念和原则；需要通过立法，把节约资源、清洁生产、绿色消费变成全社会的自觉行动。

我国的《中华人民共和国循环经济促进法》正是基于循环经济这一废弃物资源化综合利用的最新理念而制定的。《中华人民共和国循环经济促进法》从以下几个方面为农业废弃物资源化提供了政策法律依据。

第一，《中华人民共和国循环经济促进法》第二条明确对循环经济、再利用和资源化等概念给予了法律上的界定。该法规定，“循环经济，是指在生产、流通和消费等过程中进行的减量化、再利用、资源化活动的总称”；“减量化，是指在生产、流通和消费等过程中减少资源消耗和废物产生”；“再利用，是指将废物直接作为产品或者经修复、翻新、再制造后继续作为产品使用，或者将废物的全部或者部分作为其他产品的部件予以使用”；“资源化，是指将废物直接作为原料进行利用或者对废物进行再生利用”。上述概念的界定，对于我国未来农业废弃物资源化综合利用相关概念、领域的界定提供了法律依据。

第二，该法要求国家支持建立废弃物交换信息平台及其信息系统。废弃物产生者和废弃物利用者可以通过信息系统进行信息交换。该法第三十六条规定，“国家支持生产经营者建立产业废物交换信息系统，促进企业交流产业废物信息。企业对生产过程中产生的废弃物不具备综合利用条件的，应当提供给具备条件的生产经营者进行综合利用”。

第三，该法也对农业生产者和相关企业在农作物秸秆、畜禽粪便、农产品加工业副产品、废弃农用薄膜等进行综合利用方面应该采用什么样的技术提出了明确的要求。如该法第三十四条规定，“国家鼓励和支持农业生产者和相关企业采用先进或者适用技术，对农作物秸秆、畜禽粪便、农产品加工业副产品、废农用薄膜等进行综合利用，开发利用沼气等生物质能源”。第三十五条规定，“县级以上人民政府及其林业主管部门应当积极发展生态林业，鼓励和支持林业生产者和相关企业采用木材节约和代用技术，开展林业废弃物和次小薪材、沙生灌木等综合利用，提高木材综合利用率”。

第四，该法明确规定了废弃物资源化综合利用的经济激励机制。如该法第四十二条规定，“国务院和省、自治区、直辖市人民政府设立发展循环经济的有关专项资金，支持循环经济的科技研究开发、循环经济技术和产品的示范与推广、重大循环经济项目的实施、发展循环经济的信息服务等”。第四十三条规定，“国务院和省、自治区、直辖市人民政府及其有关部门应当将循环经济重大科技攻关项目的自主创新研究、应用示范和产业化发展列入国家或者省级科技发展规划和高技术产业发展规划，并安排财政性资金予以支持”。第四十四条规定，“国家对促进循环经济发展的产业活动给予税收优惠，并运用税收等措施鼓励进口先进的节能、节水、节材等技术、设备和产品，限制在生产过程中耗能高、污染重的产品的出口”，以及“企业使用或者生产列入国家清洁生产、资源综合利用等鼓励名录的技术、工艺、设备或者产品的，按照国家有关规定享受税收优惠”。

参考文献

管永祥. 2016. 农业废弃物生物处理实用技术［M］. 南京：江苏凤凰科学技术出版社.

魏章焕. 2016. 农牧废弃物处理与利用［M］. 北京：中国农业科学技术出版社.

尹昌斌等. 2015. 农业清洁生产与农村废弃物循环利用研究［M］. 北京：中国农业科学技术出版社.

张光辉，李宛平. 2015. 畜禽养殖场废弃物处理指导手册［M］. 郑州：河南科学技术出版社.

朱建国，陈维春，王亚静. 2015. 农业废弃物资源化综合利用管理［M］. 北京：化学工业出版社.